PETITE ENCYCLOPÉDIE POPU[LAIRE]
PAR AMÉDÉE GUILLEMI[N]

VÉRIT...

LIBRAIRIE HACHETTE ET Cie, A PARIS

PETITE

ENCYCLOPÉDIE POPULAIRE

DES SCIENCES

ET DE LEURS APPLICATIONS

———

LES NÉBULEUSES

PETITE ENCYCLOPÉDIE POPULAIRE
DES SCIENCES ET DE LEURS APPLICATIONS
Par Amédée GUILLEMIN

COULOMMIERS. — Typographie P. BRODARD et GALLOIS.

La nébuleuse spirale des Chiens de chasse, vue dans le télescope
de lord Rosse.

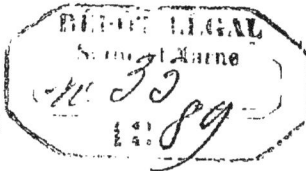

PETITE ENCYCLOPÉDIE POPULAIRE
PAR AMÉDÉE GUILLEMIN

LES
NÉBULEUSES

NOTIONS

D'ASTRONOMIE SIDÉRALE

Ouvrage illustré de 66 figures gravées sur bois

DEUXIÈME ÉDITION

PARIS

LIBRAIRIE HACHETTE ET Cie

79, BOULEVARD SAINT-GERMAIN, 79

1889

PETITE

ENCYCLOPÉDIE POPULAIRE

DES SCIENCES

ET DE LEURS APPLICATIONS

———

Il n'est d'esprit un peu actif, d'intelligence un peu vive, d'imagination un peu enthousiaste, qui ne s'éprenne d'un sentiment de curiosité et d'admiration devant les phénomènes de la nature. Quelle variété, quelle harmonie dans ce grand tout qui constitue l'Univers, et qui n'est pas moins majestueux si on le contemple dans son ensemble, si l'on voyage par la pensée dans les profondeurs infinies du Ciel, que merveilleusement étrange, si on l'étudie dans les plus minutieux détails de la structure des corps qui le composent.

La science nous apprend que la Terre est un astre, une planète, que nous verrions briller si nous étions au loin dans l'espace, comme nous voyons la nuit briller Jupiter ou Vénus; qu'elle se meut avec une rapidité incroyable autour de son axe et autour du Soleil, qu'elle suit dans son mouvement les mêmes lois que celles auxquelles les autres planètes sont assujetties. Quelles sont donc ces lois, et comment de leur régulière périodicité résultent les phénomènes des jours et des nuits, ceux des saisons et des années? L'Astronomie nous dit encore que le Soleil est une masse probable-ment gazeuse, à l'état d'incandescence, dont la surface est sans cesse sillonnée et troublée par des ouragans gigantesques, par des trombes de feu, des pluies d'hydro-gène enflammé ; que c'est un globe énorme tournant sur lui-même en vingt-cinq jours et entraînant la Terre avec lui dans un immense voyage autour de quelque étoile inconnue. En présence de ces assertions qui nous semblent au moins extraordinaires, quand nous les en-tendons émettre pour la première fois, notre curiosité, notre désir de savoir s'aiguillonne. Nous voudrions bien alors nous rendre compte du comment et du pourquoi de ces phénomènes, mettre l'œil aux grands télescopes qui ont dévoilé toutes ces merveilles ; nous voudrions examiner la structure des planètes, vérifier si ce sont bien des terres plus ou moins analogues à la nôtre ; sans aller si loin, nous serions curieux de vi-siter la Lune, ses volcans, ses grandes plaines arides, ses mers desséchées.

La même invincible curiosité nous attire, si l'on nous parle des étoiles, ces soleils de toutes couleurs ; des nébuleuses, ces associations de milliers de soleils, ces foyers gazeux où les mondes prennent naissance ; et enfin des comètes, ces nébuleuses errantes dont quel-ques-unes sont venues se prendre au Soleil comme des mouches tournoyant, le soir, à la lumière d'une bougie.

Que de notions intéressantes en effet ne peut-on pas acquérir en consultant la plus ancienne de toutes les sciences, l'astronomie ! Mais l'astronomie ne peut tout dire, si elle ne fait appel elle-même aux autres sciences, à la physique surtout, à ses applications fécondes.

D'autre part, sans la physique, que pourrions-nous savoir des lois et des causes de tous les phénomènes terrestres, des mouvements de l'atmosphère et des mers, des vents, des marées ? Comment expliquerions-nous les météores lumineux, l'arc-en-ciel, les halos, le mirage, sans la connaissance positive des lois de l'optique, sans savoir comment se propage la lumière, comment en pénétrant dans les différents milieux elle donne nais-sance aux mille nuances des tons et des couleurs ? C'est l'étude des lois de la chaleur qui nous montre com-

VII

ment cet agent bienfaisant, aussi indispensable à la
vie que la lumière, se répartit à la surface de la Terre, et
par ses inégales variations donne lieu aux climats. C'est
l'étude de l'électricité et du magnétisme qui nous permet d'expliquer les phénomènes grandioses de la foudre,
des éclairs et du tonnerre, ceux des aurores boréales.
C'est enfin, par les lois de la pesanteur que nous pouvons nous rendre compte des mouvements mêmes des
corps célestes, et, sur la Terre, d'une foule de faits qui
nous sont familiers, mais dont parfois nous sommes
embarrassés de dire la cause : les mouvements et l'é-
quilibre des liquides et des gaz, l'ascension des corps
légers, les variations du baromètre qui oscille selon la
plus ou moins grande pression de notre enveloppe
aérienne.

Si maintenant, de l'étude des phénomènes naturels,
on passe à celle des œuvres de l'homme, on s'aperçoit
qu'elles sont presque toutes, qu'elles sont toutes autant
d'applications des sciences. La télégraphie électrique, la
vapeur, les machines hydrauliques, les ballons, la pho-
tographie, les instruments d'acoustique et d'optique, la
boussole et mille autres inventions qui ont donné à la
civilisation moderne son caractère si original et si
varié, toutes ces merveilles de l'industrie et des arts sont
tirées de la connaissance des lois de la physique, comme
le fruit est venu de la fleur, comme cette fleur et la
plante qui la porte sont sorties de la graine.

Les phénomènes naturels que nous venons de rappeler sommairement, les lois qui les régissent, forment
la matière des deux sciences connues sous les noms de
physique et d'astronomie. Ce sont ces phénomènes et
ces lois, ce sont leurs applications à l'Industrie, aux
Arts, aux autres sciences, que nous nous proposons de
décrire et d'exposer dans une série de monographies
dont le présent ouvrage fait partie.

Bien loin, comme on voit, d'aborder toutes les sciences,
puisque nous laissons en dehors de notre programme,
toutes celles qui ont pour objet les êtres doués de vie,
nous embrasserons encore ainsi un ensemble assez vaste
et assez bien lié pour justifier le titre général que nous
donnons à cette série d'ouvrages, de *Petite Encyclo-*

pédie populaire des sciences et de leurs applications.

Six volumes de cette encyclopédie sont aujourd'hui publiés : LE SOLEIL, LA LUNE, LA LUMIÈRE, LE SON, LES ÉTOILES et LES NÉBULEUSES. Ils seront suivis prochainement, et d'une façon ininterrompue, d'ouvrages conçus dans le même esprit, consacrés à divers sujets d'astronomie ou de physique, parmi lesquels nous pouvons annoncer dès maintenant L'ÉLECTRICITÉ, LE MAGNÉTISME, LA PESANTEUR, LES COMÈTES, LES ÉTOILES FILANTES.

Dans chacune de ces monographies, nous nous efforcerons d'atteindre deux buts qu'on a tort quelquefois de croire opposés : le premier, c'est d'être élémentaire et clair dans l'exposé des vérités scientifiques et dans la description des phénomènes ; tâche rendue plus facile, à la vérité, par la faculté d'illustrer le texte par des figures ; le second, c'est d'être aussi complet que possible, autant du moins qu'il est permis de l'être, quand on s'interdit les démonstrations mathématiques et l'emploi des formules. Nous croyons ainsi pouvoir être utile à deux classes de lecteurs, à ceux qui ne sont point encore initiés aux connaissances scientifiques, comme à ceux qui, ayant appris et étudié autrefois, ont besoin de revoir l'objet de leurs anciennes études, et aussi de se tenir au courant des nouveaux travaux et des nouvelles découvertes.

AMÉDÉE GUILLEMIN.

Orsay, décembre 1879.

INTRODUCTION

I

Lorsque la pensée, plus rapide et plus puissante cent fois que la vue, même aidée des télescopes des grands observatoires, pénètre dans les profondeurs du ciel, elle refuse de s'arrêter aux limites qui bornent le visible. Quelque lointaines que soient les dernières étoiles perceptibles, elle va toujours, elle les dépasse, sans pouvoir s'arrêter jamais. Au delà de ces mondes perdus pour nous, l'imagination, continuant l'œuvre de l'astronome observateur, lui montre d'autres étoiles plus éloignées; les mondes s'entassent sur les mondes, les étoiles derrière les étoiles, sans qu'aucune limite de l'espace ou du temps lui paraisse capable de terminer cette progression indéfinie des astres.

Mais, à chacun de ces élans, faisant un retour sur le point de départ de ce voyage céleste, et revenant à notre petit monde, au pauvre petit globe qui gravite inaperçu dans un coin de l'infini, nous nous demandons si cet ensemble prodigieux, toujours conçu comme limité pour être aussitôt dépassé dans ses bornes supposées, forme un tout, un système. L'univers est-il une agglomération indéfinie d'astres sans nombre et sans fin, mais sans plan? Ou bien a-t-il une structure, une organisation? Est-il un système?

Cette question, ce problème, le plus vaste par son objet de tous ceux que l'esprit humain puisse se poser, au moins dans le domaine du monde physique, serait évidemment insoluble, s'il n'était restreint à la portion de l'univers accessible à l'observation. Toute réponse qui aurait la prétention d'outrepasser ces limites, ne serait plus par cela même une solution scientifique.

Se demander si l'univers visible a un plan, une structure, c'est se demander si les astres dont il se compose forment des groupes ordonnés, sériés, liés entre eux par une loi ; ou si, au contraire, c'est le hasard qui a présidé au groupement de ces millions de soleils dont les feux étincellent à nos yeux derrière le rideau azuré de l'atmosphère de nos nuits. Or le hasard — tout progrès des sciences naturelles le prouve — n'est qu'un mot sous lequel se cache notre ignorance des lois qui régissent les choses. On ne peut se refuser à croire que, sous l'apparente confusion de ces myriades d'astres disséminés çà et là à des distances diverses, dans les profondeurs de l'éther, il y ait réellement entre les uns et les autres de ces astres, comme entre leurs groupes, de mutuelles dépendances, qui fassent de l'ensemble soit un système unique, soit une série de systèmes liés entre eux, en même temps liés sans doute aux parties invisibles pour nous de l'univers.

Au reste, ce n'est pas là une pure hypothèse, une affirmation *à priori*. Les progrès de l'astronomie ont été tels dans les deux ou trois derniers siècles, que le problème de la structure de l'univers a pu être fructueusement posé, puis abordé. Aujourd'hui, sans qu'on puisse prétendre en donner une solution intégrale, on peut au moins en esquisser une ébauche, et présenter sur ce sujet, d'un si puissant intérêt, des vues non dépourvues de vraisemblance. Des astronomes d'un mérite supérieur, partant des données de plus en plus nombreuses et de plus en plus précises de l'observation, y appliquant toutes les

ressources de la géométrie et de l'analyse, ont abordé le
problème, et peu à peu ont réussi à jeter quelques rayons
de lumière sur ses obscurités.

Nous essayerons dans ce nouveau volume de notre
petite encyclopédie populaire de donner une idée de leurs
recherches, de faire une analyse de leurs travaux. Ce sera
comme la conclusion des notions d'astronomie sidérale
commencées dans l'ouvrage intitulé LES ÉTOILES, et com-
plétées dans celui que nous publions aujourd'hui sous ce
titre LES NÉBULEUSES. Pour atteindre ce but, pour rendre
intelligibles les hautes recherches dont il vient d'être
question, il est indispensable que nous achevions la description du ciel; mais avant d'aborder notre sujet, les
NÉBULEUSES, il est utile aussi que nous rappelions, dans
une énumération rapide, les divers ordres de corps célestes jusqu'ici passés en revue.

II

C'est notre monde, celui dont le Soleil est le centre et
dont la Terre fait partie, qui a été décrit et connu le premier, et dont nous allons redire en quelques mots la
composition.

Au centre ou au foyer commun des orbites elliptiques
de quelque centaines d'astres secondaires, un corps d'une
masse relativement énorme, de forme sphérique, rayonne
de toutes parts sa prodigieuse chaleur et son éblouis-
sante lumière.

C'est le SOLEIL : une très haute température maintient
sinon toute sa masse, du moins une partie considérable
de cette masse, à l'état fluide : il est admis aujourd'hui
par la grande majorité des astronomes que la photosphère est formée soit de liquide, soit plutôt de gaz incandescent. Tout autour de cette photosphère ou enveloppe lumineuse du globe solaire, s'étend une couche

continue de gaz incandescents, surmontée elle-même
d'une haute atmosphère de gaz hydrogène dans un état
perpétuel d'agitation.

Tel est le corps central du système ou monde solaire.
Autour du Soleil gravitent les *planètes* et leurs *satellites*,
globes plus ou moins semblables à notre globe, et puisant
comme lui à la source des radiations communes, pour
l'entretien de la vie végétale et animale qui fleurit à leur
surface. Possédant comme le Soleil et dans le même sens
un mouvement de rotation sur leur axe, les planètes ont
en outre un mouvement de translation qui fait décrire à
chacune d'elles, en des temps d'autant plus longs que leurs
distances au Soleil sont plus grandes, des courbes de forme
elliptique, dans des plans peu différents.

Comme le Soleil, les planètes et leurs satellites affectent
la forme sphérique ou sphéroïdale, mais avec cette différence que, leur température extérieure étant beaucoup
plus basse, aucune d'elles n'est actuellement incandescente, ne brille d'une lumière propre; toutes sont opaques, dès lors ne sont lumineuses que par la réflexion de
la lumière solaire sur la moitié éclairée de leur surface.
Solides ou liquides, elles semblent constituées chimique-
ment d'une façon analogue à notre Terre, et par suite au
Soleil, puisque le Soleil est lui-même composé des mêmes
corps métalliques ou métalloïdes que nous connaissons
à la surface de la Terre.

Il y a, dans le monde solaire, une troisième catégorie
de corps célestes, bien différents des planètes par leur
forme extérieure et leur aspect physique, quoique leurs
mouvements soient soumis aux mêmes lois et qu'ils gravitent comme elles dans la dépendance de la masse
solaire : ce sont les *comètes*. Un noyau brillant, où l'on a
cru reconnaître des indices de lumière propre ou d'incandescence, une épaisse atmosphère vaporeuse enve-
loppant le noyau, et d'où s'épandent des appendices en
forme d'aigrettes ou de queues plus ou moins étendues,

mais si peu denses, qu'au travers on voit briller la lumière des plus faibles étoiles : telles sont les caractères originaux de la structure des comètes. Elles décrivent autour du Soleil des courbes si allongées, que la plupart se confondent avec les branches de paraboles de même foyer, et qu'elles semblent venir de l'infini pour retourner à l'infini. On en connait toutefois un certain nombre qui, revenant périodiquement témoigner de leur parenté avec les autres membres du monde solaire, font partie intégrante et permanente du groupe. Un petit nombre de comètes décrivent des hyperboles, et dès lors, il est probable qu'elles sont d'origine étrangère à notre monde.

Ce monde ou système n'a guère moins de neuf milliards de kilomètres d'étendue diamétrale, si l'on s'arrête à la planète Neptune, la plus éloignée du Soleil ; mais les nébulosités cométaires dépassent considérablement ces limites. A l'intérieur, il y a lieu de noter encore l'existence de très nombreux essaims de corpuscules qui voyagent à travers les régions interplanétaires, où ils se révèlent à nous, quand la Terre vient à les rencontrer dans sa route. Alors, on les voit sous l'aspect de ces météores lumineux qu'on nomme des *étoiles filantes* et des *bolides*. Il parait prouvé que plusieurs de ces essaims de météores ne sont autre chose que des fragments de comètes. Une nébulosité qui est peut-être constituée par une multitude de corpuscules semblables, la *Lumière zodiacale*, s'aperçoit enfin de part et d'autre du Soleil, qu'elle entoure à distance comme une sorte d'anneau.

Dans cet immense cortège de satellites du Soleil, le globe que nous habitons n'est qu'un des individus de l'agglomération totale, et non l'un des plus importants par sa grosseur ou sa masse. Mais qu'est le tout lui-même, au sein de l'univers ? Voilà ce qu'il faut essayer de nous figurer, pour bien juger plus tard de l'ensemble.

III

Qu'on suppose le système solaire reculé tout à coup
dans l'espace à une distance égale à quelques milliers de
fois son propre diamètre, ou encore à deux ou trois cents
mille fois la distance de la Terre au Soleil : grâce à l'éclat
de sa lumière propre, ce dernier astre serait encore
visible ; mais ses dimensions apparentes seraient tellement réduites qu'elles échapperaient à toute mesure : ce
ne serait plus qu'un point lumineux, qu'une étoile au
milieu des autres étoiles. Quant aux planètes les plus
grosses, elles auraient disparu, aussi bien en raison de
l'affaiblissement de leur lumière empruntée, que par
le fait de l'évanouissement de cette lumière, dont les
rayons seraient noyés dans les rayons de l'étoile centrale.

Or, la distance à laquelle nous venons de reléguer en
pensée le monde solaire, est précisément celle des étoiles
les plus rapprochées, de sorte que l'assimilation entre le
Soleil et les étoiles résulte de cette simple hypothèse.
Toutes les *étoiles* qui brillent dans les profondeurs éthé-
rées sont donc aussi des soleils, des corps brillant d'une
lumière qui leur appartient, et qui témoigne, par l'éléva-
tion de la température propre à la produire, de l'incandescence des matières dont les étoiles sont composées.
L'analyse de cette lumière a d'ailleurs prouvé que les
étoiles ont une composition chimique analogue à celle
du Soleil ; mais cette analogie laisse place à des variétés
nombreuses. Certains gaz, certains métaux prédominent
dans les photosphères de telles ou telles étoiles, soit
qu'en réalité les soleils se divisent en classes naturelles
distinctes, soit que l'état physique de chacun d'eux indique une phase de formation différente, correspondant à
divers âges.

Ainsi considérée, que voyons-nous donc dans la population sidérale disséminée dans le ciel? Une suite indéfinie de mondes plus ou moins semblables au monde solaire. L'induction nous pousse à entourer chacun de ces soleils d'un cortège d'astres sortis, comme nos planètes, du sein de la matière primitive qui a donné naissance à chaque monde : des planètes, leurs satellites, des comètes gravitent sans doute autour de chaque étoile, avec toutes les variétés de nombre, de dimensions, de distances, que laisse supposer la multitude des systèmes. Rien jusqu'ici cependant ne dénote entre ceux-ci aucun lien, aucune dépendance naturelle.

Mais déjà un tel lien se remarque, avec une évidence incontestable, dans ces groupes formés de deux, trois ou plusieurs étoiles, qu'on nomme pour cette raison les *étoiles doubles* ou *multiples*. Ces rudiments d'associations stellaires forment le premier échelon qui, peu à peu, va nous conduire à envisager des systèmes plus complexes, et nous mettre sur la voie d'une organisation générale des mondes, au sein de l'univers visible. Ces soleils associés se meuvent autour les uns des autres, ou du moins, comme les lois de la gravitation le veulent, autour d'un centre commun. Ont-ils chacun leur système planétaire? C'est une question que l'observation ne permet guère de résoudre, mais dont la solution affirmative ne sort point de la vraisemblance.

Déjà, nous avons, en décrivant les étoiles, appelé l'attention sur des groupes stellaires plus nombreux que les systèmes d'étoiles doubles ou multiples ; les Pléiades sont au nombre des plus intéressantes et des plus aisées à reconnaître de ces associations, et nous allons voir bientôt que le ciel visible, accessible à nos télescopes, en renferme des milliers de pareils. A l'œil nu, ou même dans des instruments qui n'ont pas un pouvoir optique suffisant, ces associations d'étoiles ne se montrent que comme des lueurs confuses, indistinctes, comme des nuages lumineux, auxquels pour cette raison a été donné le nom de *nébuleuses*.

Mais n'existe-t-il, dans l'univers sidéral, que des corps de forme définie, que des masses sphéroïdales incandescentes comme les soleils, ou obscures comme leurs planètes ? N'y a-t-il que des systèmes planétaires ou même que des systèmes stellaires ?

On peut affirmer aujourd'hui que non : on peut dire qu'il existe, à des profondeurs comparables aux distances des étoiles, ou aux distances des amas d'étoiles, des agglomérations d'une matière informe, matière encore peu connue dans sa composition chimique, dans sa structure et dans son état physiques. Ces masses paraissent briller d'une lumière qui leur est propre. Au premier aspect, elles ressemblent aux nébuleuses formées d'étoiles. Aussi les comprend-on les unes et les autres, avant toute distinction spécifique, sous la dénomination commune de *nébuleuses*.

C'est la description des nébuleuses que nous allons entreprendre dans cet ouvrage, mais en comprenant sous ce nom, aussi bien les groupes ou amas d'étoiles que leurs distances immenses font paraître comme des nébulosités, que les nébuleuses proprement dites, dont nous venons, avec les astronomes contemporains, d'affirmer l'existence.

Après avoir achevé de la sorte l'histoire naturelle des corps célestes, nous pourrons aborder le grand problème que nous posions au début de cette introduction, celui de la structure de l'univers visible ; avec les Kant, les Lambert, les W. Herschel, les Struve, nous essaierons d'esquisser les lignes principales d'un ensemble que nous nous obstinons à nommer un tout, malgré l'impuissance où nous sommes de l'embrasser jamais, aussi bien par la vue que par la pensée.

LES NÉBULEUSES

CHAPITRE PREMIER

APERÇU HISTORIQUE SUR LA DÉCOUVERTE DES NÉBULEUSES

§ **1.** — Découverte de la première nébuleuse. — Simon Marius et la nébuleuse d'Andromède.

« Le 15 décembre de l'année 1612, je vis, par le moyen de la lunette, une étoile fort extraordinaire par sa figure, et telle que je n'ai rien trouvé de semblable dans tout le ciel. Elle est à la Ceinture d'Andromède, tout proche de la troisième ou de la plus septentrionale ; et on la découvre en cet endroit, à la vue simple, *comme un petit nuage*. Lorsqu'on la regarde avec la lunette, on n'y voit point briller plusieurs petites étoiles, comme dans la nébuleuse du Cancer et dans toutes les autres nébuleuses, mais on y aperçoit seulement quelques légers rayons de lumière blanchâtres et d'autant plus clairs qu'on approche davantage du centre. Ce centre n'est lui-même marqué que par une faible clarté, sur un diamètre de près d'un quart de degré. Elle m'a paru avoir tout à fait l'apparence de la flamme d'une chandelle qu'on verroit dans la nuit, à travers de la corne

transparente, et je la trouve fort semblable à la comète que Tycho-Brahé observoit en 1586. Si elle
est nouvelle ou non, c'est ce que je ne déciderai pas.
Je sais seulement que Tycho-Brahé, tout clairvoyant
qu'il étoit, n'en a pas fait mention et ne paroît pas en

Fig. 1. — La Nébuleuse d'Andromède.

avoir eu connaissance, quoiqu'il ait décrit l'endroit
du ciel où on la trouve, et déterminé, tant en longi-
tude qu'en latitude, la position de l'étoile qui en
approche le plus. »

Ce récit et l'observation qui s'y trouve rap-
portée, sont dus à un astronome du nom de Simon
Marius ou Mayer, né à Guntzhausen en Fran-
conie, et attaché en qualité de mathématicien
à la cour d'un margrave de Culmbach. Il est ex-
trait de la préface d'un ouvrage intitulé *Mundus*

Jovialis, ouvrage consacré à la description des satellites de Jupiter, récemment découverts par Simon
Marius et presque simultanément par Galilée.

La découverte de la nébuleuse d'Andromède est
justement fameuse dans les annales de l'astronomie.
C'est à elle en effet, que tous les écrivains qui ont
traité de l'histoire de la science, font remonter la
première mention d'une véritable nébuleuse, c'est-
à-dire d'un objet qui ayant, à la vue simple, l'aspect
d'un nuage lumineux, ne laissait voir, dans les lunettes, aucune étoile. C'est dans ce sens que Simon
Marius lui-même la caractérise, en disant qu'il
n'avait jamais rien trouvé de semblable dans tout le
ciel, et qu'on n'y voit point, comme dans les autres
nébuleuses, briller plusieurs petites étoiles.

Aujourd'hui, c'est par milliers que se comptent
les nébuleuses où le télescope ne découvre point
d'étoiles. Mais la question de savoir s'il y a, entre
les unes et les autres, une distinction réelle à éta-
blir, est beaucoup plus complexe qu'on ne pouvait
le croire il y a deux siècles et demi, comme on va
pouvoir s'en convaincre en lisant d'abord le simple
exposé des faits.

§ 2. — Définition des nébuleuses ; absence de mouvement
propre et distinction d'avec les comètes. — Pléiades, Voie
lactée.

On nomme *nébuleuse* tout objet céleste dépourvu
de mouvement propre sensible, et qui, soit à la vue
simple, soit dans les télescopes, offre l'aspect d'un
nuage lumineux, d'une nébulosité blanchâtre de
forme quelconque.

Il faut insister sur l'absence de mouvement propre sensible, parce que, sans cette distinction, on pourrait confondre une nébuleuse avec une comète. Les nébulosités cométaires, surtout à leur apparition, ont souvent dans les lunettes le même aspect que les nébuleuses ; mais elles se meuvent avec une vitesse apparente qui les fait se déplacer avec plus ou moins de rapidité, soit dans la même nuit, soit dans les observations successives, sur la voûte étoilée. Une nébuleuse, au contraire, a la même fixité que les étoiles ; et, bien qu'on ait soupçonné dans quelques nébuleuses, ainsi qu'on le verra plus loin, des mouvements ou déplacements réels, ces mouvements seraient du même ordre de petitesse que ceux des étoiles, ou inférieurs encore.

La Voie lactée, cette zone immense qui entoure le ciel entier, offre, dans tout son parcours, l'aspect d'une nébuleuse. C'est, en effet, soit une agglomération de nébuleuses, soit une nébuleuse unique, selon qu'on la considère dans ses parties ou dans son ensemble.

En étudiant les groupes d'étoiles [1] qui se distinguent au premier coup d'œil des étoiles disséminées sur la surface entière de la voûte céleste, telles que les Pléiades, les Hyades, nous avons fait remarquer que c'étaient là comme les échantillons d'autant de nébuleuses, au moins de celles que nous verrons se résoudre, dans le télescope, en étoiles distinctes. Et, en effet, les personnes dont la vue est faible ne distinguent dans ces groupes aucune étoile isolée,

1. Voir notre volume des ÉTOILES, page 179. Rappelons que dans les Pléiades, où l'œil nu n'en distingue que de six à dix, on a compté près de 600 étoiles de toutes grandeurs.

et elles donnent pour ainsi dire, quand on les regarde, la sensation d'une nébuleuse. Dès que, à
l'aide d'une lunette, ne grossît-elle pas, ou de simples besicles, comme le fait remarquer Arago, on
vient à rendre la vision distincte, les étoiles les plus
brillantes du groupe des Pléiades se montrent séparées, isolées les unes des autres.

Pour d'autres groupes d'étoiles, celui du Cancer
ou Præsepe, par exemple, les meilleures vues ne
peuvent en distinguer les composantes ; il faut em-
ployer des lunettes d'un certain pouvoir amplifiant,
sans quoi les groupes stellaires conservent l'apparence de nébuleuses. Ceci est vrai pour la plus
grande partie des diverses régions de la Voie lactée.
A l'œil nu, on reconnaît bien déjà que la grande
zone est le lieu de réunion d'une multitude de petites étoiles, qu'on aperçoit nettement d'ailleurs dans
les lunettes, et qui deviennent d'autant plus nombreuses, d'autant plus multipliées, que le pouvoir
grossissant de l'instrument est plus considérable.

Tout cela explique pourquoi les anciens n'avaient
qu'une notion confuse des nébuleuses, et ne les ont
mentionnées que comme des étoiles d'une lumière
confuse ou d'un faible éclat, et pourquoi, même
après l'invention des lunettes, on ne considérait les
nébuleuses, connues en très petit nombre d'ailleurs,
et la Voie lactée elle-même, que comme de petits
groupes pareils aux Pléiades, à l'amas du Cancer, etc.

§ 3. — Les nébuleuses dans l'astronomie ancienne ; ce que
les anciens astronomes appelaient *étoiles nébuleuses*. —
Pourquoi les nébuleuses restèrent inconnues quelque tem s
après l'invention des lunettes. — Idées de Galilée sur la
Voie lactée. — Nuées de Magellan.

Les anciens distinguaient les étoiles d'une même
constellation en *brillantes* (λαμπροι) et en *obscures*
(αμαυροι). Dans l'*Almageste* de Ptolémée et dans les
Catastérismes attribués faussement à Eratosthènes,
il est question de *nébuleuses* (νεφελοειδεῖς). Selon
Humboldt, ce sont « pour la plupart de petits amas
d'étoiles qu'on distingue aisément sous le ciel pur
des contrées méridionales ». Cette dénomination,
traduite en latin par le mot *nebulosæ* ou *stellæ nebulosæ*, est passée, avec la même acception, dans les
ouvrages des astronomes du moyen âge et jusque
dans ceux des astronomes modernes, notamment de
Galilée.

L'invention des lunettes aurait dû, ce semble,
appeler l'attention spéciale des astronomes sur les
nébuleuses proprement dites, et leur révéler l'existence de celles qui ne pouvaient se résoudre en
étoiles distinctes. Mais il est aisé de comprendre que
la révolution apportée par cette découverte capitale
dans l'astronomie physique devait éloigner précisément les esprits de cette idée, d'une matière nébuleuse. Les quelques nébulosités que l'œil nu pouvait
distinguer en dehors de la grande zone lactée, étaient
considérées ou comme des étoiles d'un faible éclat,
ou comme des fragments détachés de la zone. Les
télescopes firent voir nettement la composition stellaire de quelques-unes, des plus apparentes de ces

nébulosités, et principalement de la Voie lactée
elle-même. On fut naturellement porté à généraliser,
et à considérer toutes les lueurs célestes, quelles
qu'elles soient, comme appartenant à des étoiles
fixes. Voyez, par exemple, ce que dit Galilée lui-
même à cet égard :

« C'est à coup sûr un grand événement que
d'ajouter à la multitude d'étoiles fixes qui ont pu
être aperçues jusqu'à ce jour à l'aide des moyens
naturels, d'autres innombrables étoiles, et de faire
voir distinctement à l'œil des astres qui n'avaient
jamais été vus auparavant et dont le nombre est
plus de dix fois aussi grand que celui des étoiles
anciennement connues. Ce n'est pas non plus un
fait de peu d'importance que d'avoir mis fin de la
sorte aux disputes soulevées sur la nature de la
Voie lactée, en montrant aux sens aussi bien qu'à
l'intelligence sa véritable composition. » (*Nuntius
sidereus*, 1610.)

On verra plus loin, quelle idée on doit se faire de
la structure de cette magnifique zone, et si l'on est
à même de résoudre la question de savoir si elle se
compose entièrement d'étoiles. Mais il est clair que
telle fut en effet la pensée de Galilée, lorsque ce
grand homme pénétra à l'aide de sa lunette en des
profondeurs du ciel jusqu'alors inexplorées. En
voyant les parties les plus brillantes de la lueur
lactée se résoudre en des milliers de points lumineux, en observant une décomposition semblable
dans les quelques nébulosités situées hors de la
zone, il ne put s'arrêter à la pensée que l'univers
sidéral tout entier n'était pas formé uniquement
d'étoiles.

Les anciens n'avaient pu que soupçonner la structure stellaire de la Voie lactée ; en certaines parties, la lueur se montre parsemée d'un tel nombre de points scintillants, que l'œil, sans distinguer ces points comme des étoiles isolées, est amené presque invinciblement à les considérer comme tels ; mais tant que les lunettes ne furent pas inventées, l'absence de moyens d'observation ne permit point la confirmation de ce qui n'était qu'une hypothèse. On comprend donc que l'existence de taches nébuleuses isolées, d'ailleurs en petit nombre, et après tout peu aisément perceptibles, n'ait point fixé leur attention d'une manière spéciale.

Il en fut tout autrement quand le télescope, appliqué à l'étude de la grande nébuleuse lactée, la décomposa en d'innombrables étoiles ; mais alors il dut paraître évident que les parties non résolues étaient formées, comme le reste, d'étoiles plus serrées et plus petites : l'idée de nébulosités proprement dites ne pouvait donc encore naître de ce premier examen. Enfin, la même conclusion devait être et fut tirée de l'étude des étoiles nébuleuses, des groupes tels que les Pléiades, Persée, le Cancer, etc.

Deux grandes nébulosités comparables à la Voie lactée pour leur aspect et pour leur éclat, et de dimensions inégales, mais assez grandes toutes deux pour être vues par d'autres observateurs que des astronomes, ont été révélées aux modernes par les voyageurs des contrées tropicales, et il n'est pas douteux que les anciens, s'ils n'en ont pas laissé de descriptions, les avaient vues et les connaissaient. Ce sont les deux nuages célestes connus sous les noms de *Nuages du Cap*, de *Nuées de Magellan*.

On les trouve mentionnées, pour la première fois, par un astronome arabe du milieu du Xᵉ siècle, Abdurrahman-Suphi : « Le bœuf blanc qu'il vit briller d'une lueur pâle et blanchâtre beaucoup au-dessous de Canopus était sans doute la plus grande des deux Nuées de Magellan qui, avec une étendue apparente égale environ à douze fois le diamètre de la Lune, couvre en réalité dans le ciel un espace de 42° carrés, et que les voyageurs européens ne commencèrent à signaler que dans la première partie du XVIᵉ siècle, bien que déjà, 200 ans auparavant, les Normands se fussent avancés sur les côtes occidentales de l'Afrique jusqu'à Sierra-Leone, par 8° 1/2 de latitude septentrionale. Il semble qu'une masse nébuleuse d'une aussi grande étendue et clairement visible à l'œil nu eût dû attirer plus tôt l'attention. » (Humboldt.)

L'idée que les Nuées de Magellan et les nébuleuses plus petites sont, comme la Voie lactée, composées de très nombreuses et très faibles étoiles, a prévalu longtemps. On la retrouve exprimée dans les ouvrages de Grégori, de Cassini, de Lalande. Nous reviendrons plus loin, avec les détails et l'étendue que comporte une question aussi importante, sur la nature des diverses nébuleuses. Nous voulions seulement ici montrer comment il a pu se faire que les astronomes ne se soient occupés sérieusement des nébuleuses qu'assez longtemps après l'invention des lunettes, et pourquoi celles qu'on voit à l'œil nu n'ont été étudiées qu'après la découverte de Simon Marius, et même après les observations de Bouillaud, c'est-à-dire cinquante ans après que la nébuleuse d'Andromède avait été décrite par le

premier de ces observateurs. L'historique des découvertes successives des nébuleuses depuis trois
siècles, mérite au reste d'être fait avec quelque détail; on verra alors, combien cette branche de l'astronomie a fait de rapides progrès.

§ 4. — Histoire de la découverte des nébuleuses depuis
Galilée et Simon Marius. Huygens et la nébuleuse d'Orion [1];
observations de Bouillaud, d'Hévélius, d'Halley. — Premiers catalogues de nébuleuses : Lacaille et Messier. —
Immenses découvertes de W. Herschel. — Découvertes
contemporaines.

La première application des télescopes à l'observation des nébuleuses, ou, si l'on veut, des étoiles

1. Voici en quels termes Huygens annonce sa découverte
dans son *Systema Saturnium :* « Lorsque j'observais, à travers un télescope de 23 pieds de longueur focale, les bandes
variables de Jupiter, la tache d'ombre qui avoisine l'équateur de Mars et quelques autres détails peu visibles parti-
culiers à cette planète, je remarquai dans les étoiles fixes
un phénomène qui, à ma connaissance, n'avait encore été
signalé par personne et ne pouvait être reconnu exactement
qu'à l'aide des grands télescopes dont je me sers. Les astronomes ont compté, dans l'Épée d'Orion, trois étoiles très
voisines l'une de l'autre. Lorsque, en 1656, j'observai par
hasard celle de ces étoiles qui occupe le centre du groupe,
au lieu d'une, j'en découvris douze, résultat que d'ailleurs
il n'est pas rare d'obtenir avec les télescopes. De ces étoiles,
il y en avait trois qui, comme les premières, se touchaient
presque, et quatre autres semblèrent briller à travers un
nuage, de telle façon que l'espace qui les environnait paraissait beaucoup plus lumineux que le reste du ciel, qui était
entièrement noir. On eût cru volontiers qu'il y avait une
ouverture dans le ciel qui donnait jour sur une région plus
brillante. Depuis et jusqu'à ce jour, j'ai revu le même phénomène sans aucun changement; de sorte que ce prodige,
quel qu'il soit, paraît être fixé là pour toujours. Jamais je
n'ai rien vu de semblable dans les autres étoiles fixes. »

nébuleuses, paraît remonter à Galilée, qui, outre la
décomposition en étoiles des fragments de la Voie
lactée, décrivit la nébuleuse du Cancer connue sous
le nom de Præsepe, mais cela, nous le répétons,
sans soupçonner l'existence d'autres objets que de
quelques amas ou agglomérations d'étoiles.

Puis vint la découverte de Simon Marius en 1612.
L'importance de l'observation que fit ce savant de

Fig. 2. — Nébuleuse de l'Epée d'Orion d'après le dessin de Huygens.

la nébuleuse d'Andromède, est toute entière dans
cette remarque, qu'il signala l'absence de toute étoile
au sein de la lueur. C'était donc, sous ce rapport,
un objet nouveau, qui aurait dû susciter des recherches immédiates; et cependant il faut aller jusqu'en 1656, pour voir Huygens, observer et décrire
la grande nébuleuse de l'Epée d'Orion, qui, comme
la nébuleuse d'Andromède, se voit fort aisément à

l'œil nu, quand on profite d'une nuit sans lune et d'une atmosphère sereine.

Bouillaud, en 1664, reprit l'examen de la nébuleuse d'Andromède, qu'il suivit pendant plusieurs années consécutives, et où il crut constater une diminution d'éclat. En 1665, Abraham Ihle vit dans le Sagittaire une troisième nébuleuse, qu'Hévélius, du reste, avait déjà observée; et six [ans plus tard, Kirch en découvrit une quatrième, voisine du pied droit ou boréal d'Antinoüs.

Hévélius publiait, avec leurs positions pour 1660, un catalogue de 16 nébuleuses, auxquelles Halley ajoutait, en 1716, six nébuleuses; parmi ces nouveaux objets, il faut citer les nébuleuses du Centaure et du Sagittaire, qu'Halley avait découvertes et observées à l'île Sainte-Hélène dès 1677, et la nébuleuse d'Hercule, observée par le même astronome en 1714. Le ciel austral était dès lors exploré, ainsi qu'on le voit, comme le ciel boréal.

Legentil, vers 1745, découvrit une nébuleuse entre les étoiles π et ω de la Tête de Méduse; puis trois autres dans Cassiopée, une dans le Sagittaire et une dans la Queue du Cygne.

Bientôt Lacaille, dépassant Halley dans ses découvertes du ciel austral, publiait un catalogue de 42 nébuleuses qu'il avait observées pendant son séjour au cap de Bonne-Espérance, entre 1750 et 1752. Il y ajoutait l'étude et l'analyse des deux Nuées de Magellan. Un tiers de ces 42 nébuleuses était formé d'étoiles distinctes; un tiers comprenait des nébulosités mélangées de faibles étoiles; l'autre tiers enfin avait résisté à toute décomposition même partielle.

Plus nous avançons maintenant, plus nous allons voir se succéder avec rapidité les découvertes de nébuleuses. Un infatigable astronome, chercheur assidu de comètes, Messier, publiait en 1771 un catalogue où figuraient 68 nouvelles nébuleuses, qui portaient, en y comprenant celles de Lacaille et de Méchain, 103 objets distincts.

Mais le grand W. Herschel ne tarda point à aborder ce champ si fécond de découvertes, d'y appliquer ses puissants instruments, sa persévérance systématique, et à donner à cette branche d'astronomie physique une énergique impulsion. Personne autant que lui, nous le verrons, ne sut considérer un tel sujet sous un point de vue élevé et profond. Il commença à observer les nébuleuses en 1779 ; sept ans plus tard, paraissait un premier catalogue de 1000 nébuleuses. En 1789, en paraissait un second, aussi étendu que l'autre ; et en 1802 un troisième catalogue, de 500 nébuleuses, portait à 2500 le nombre des objets observés par le laborieux astronome de Slough.

Ce nombre a été plus que doublé depuis. J. Herschel, Dunlop, Gould y ont contribué pour le ciel austral ; d'Arrest, Schmidt, Schönfeld, Vogel, Laugier, et tout récemment M. Stéphan, directeur de l'observatoire de Marseille, pour le ciel boréal. En 1864, J. Herschel publiait un catalogue général qui ne comprenait pas moins de 5076 nébuleuses, et aujourd'hui ce nombre doit être augmenté de quelques centaines.

§ 5. — Les nébuleuses visibles à l'œil nu. Catalogues et atlas
d'Argelander et de Heis.

La très grande majorité des nébuleuses ne sont
visibles qu'au télescope, et beaucoup exigent, pour
être distinguées, les instruments les plus puissants.
Argelander, dans son *Uranometria nova*, catalogue
des étoiles et objets célestes visibles à l'œil nu, mar-

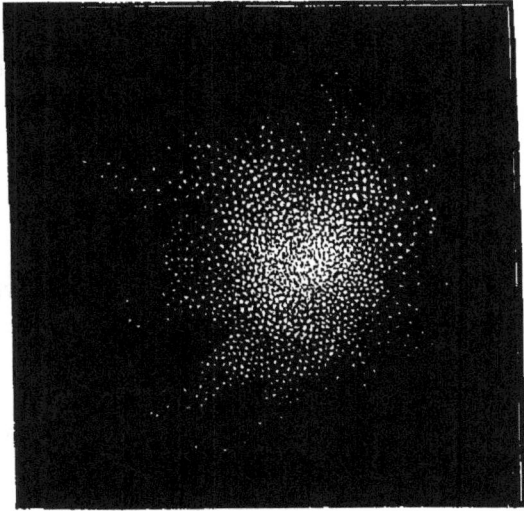

Fig. 3. — Amas stellaire d'Hercule (13 M 1968 H).

quait 19 amas ou nébuleuses : il ne s'agit là d'ailleurs que de la portion du ciel visible à la latitude
de Berlin. Le Dr Heis, dans son *Atlas cœlestis novus*,
en note 7 de plus, soit 26, pour une même latitude ou à peu près. Il faudrait y joindre les nébuleuses visibles à l'œil nu dans la portion de l'hémi-

sphère austral non explorée par ces deux astronomes [1] ; mais nous n'en avons point le recense-
ment exact.

Cette énumération des richesses que la vision
télescopique a révélées en moins de trois siècles ne
peut donner une idée de l'importance que des découvertes aussi multipliées ont eue pour la science.
Ce n'est pas seulement le ciel agrandi dans des pro-
portions merveilleuses; ce sont des idées toutes
nouvelles sur sa structure, sur la disposition et l'en-
chaînement de ses systèmes, sur les transformations
dont il est le théâtre. L'histoire des conjectures que
les observations des nébuleuses ont fait naître dans
la pensée des astronomes, ne paraîtra pas moins
intéressante que les faits eux-mêmes. Mais commen-
çons par décrire ces faits avec les détails qu'ils
méritent.

1. Voici les noms des constellations où se trouvent les
26 nébuleuses visibles à l'œil nu du Dʳ Heis :

Girafe	1	Sagittaire.	1
Persée	3	Grand Chien ..	1
Chiens de chasse.	3	Hercule	2
Cygne	1	Andromède ...	1
Gémeaux.........	1	Pégase.........	1
Cancer	2	Cocher	1
Ophiucus........	2	Serpent........	1
Licorne..........	2	Verseau........	1
Navire............	1	Triangle	1
	16		10

Sur ce nombre 26, le Dʳ Heis compte 19 *cumuli* ou amas
d'étoiles, et 7 *nebulæ* ou nébuleuses. Argelander notait 15 *cumuli* et 4 *nebulæ*.

CHAPITRE II

---

§ 1. — Résolubilité des nébuleuses. — Classification provisoire des nébuleuses en amas stellaires ou nébuleuses
résolues, et nébuleuses non décomposables.

Les nébuleuses se divisent en deux grandes classes :
dans la première, on range toutes celles que le
télescope résout en étoiles distinctes, et on leur
donne, pour cette raison, le nom d'*amas stellaires* [1].
Dans la seconde classe se trouvent toutes les nébuleuses non résolues en étoiles, soit parce que les
moyens optiques ont été insuffisants jusqu'ici, soit
parce qu'elles sont réellement indécomposables. Les
objets de cette seconde classe se nomment simplement des nébuleuses.

Rien de plus simple, au premier abord, qu'une
pareille classification ; mais il est aisé de voir qu'elle
est essentiellement provisoire. En effet, l'aspect
d'une nébuleuse dépend du pouvoir optique de l'in-

---

1. En latin *cumuli*, en anglais *clusters*, c'est-à-dire groupes
ou agglomérations, en allemand *Sternhaufen*, littéralement
accumulations d'étoiles, en italien *ammassi*.

strument à l'aide duquel elle est observée, et ce
pouvoir ne résulte pas seulement du grossissement
employé, de l'ouverture de l'objectif, mais aussi de
la netteté des images, de ce que les astronomes
appellent le pouvoir de définition du télescope ; aussi,
à mesure que s'est accrue la puissance ou la perfection des moyens d'observation, non seulement
le nombre des nébuleuses connues s'est considéra-

Fig. 4. — Amas stellaire du Verseau (2 M 2125 H.) d'après sir
J. Herschel.

blement agrandi, mais aussi celui des amas stellaires. Citons quelques faits.

Prenons pour exemple la nébuleuse découverte
par Halley en 1714, dans la constellation d'Hercule.
Bien que visible à l'œil nu, Messier, qui l'avait
observée à la lunette, la décrit dans son catalogue
comme une *nébuleuse sans étoiles*. Elle aurait donc
pu, il y a un siècle, être donnée, ainsi que la nébu-

leuse d'Andromède, comme le type d'une masse
réellement vaporeuse, d'une nébulosité véritable.
Or sir J. Herschel la décrit ainsi dans son catalogue de 1833 : « Très riche amas de figure irrégulière, formé de plusieurs milliers d'étoiles de la 10ᵉ

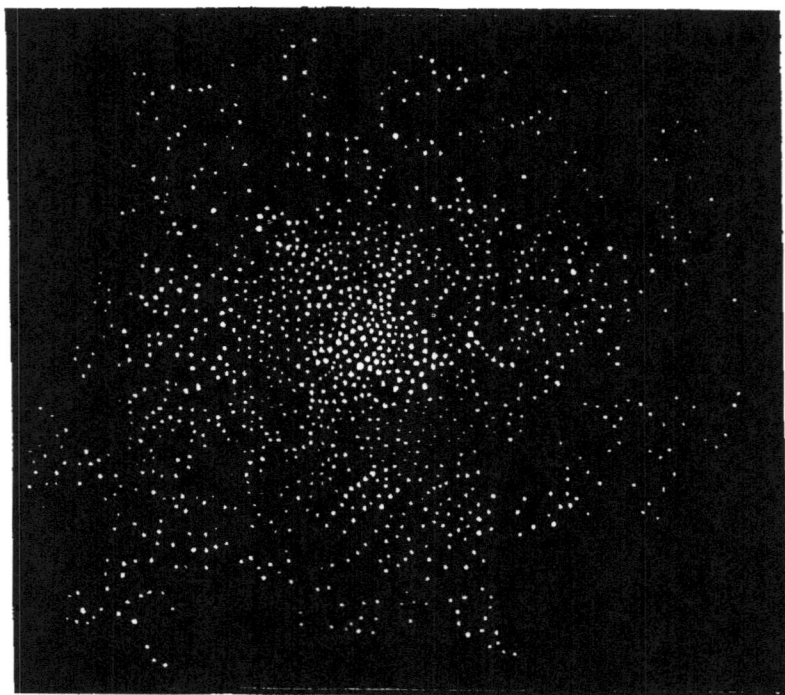

Fig. 5. — Amas stellaire du Verseau (2 M 2125 H) vu dans le grand
téloscope de lord Rosse.

à la 15ᵉ grandeur. » On peut voir, dans la ligure 3
(page 22), une représentation de cette splendide association stellaire. L'amas stellaire du Verseau, d'après
le dessin de sir J. Herschel (fig. 4), paraît déjà formé
d'une agglomération sphérique de très petites étoiles.
Vu dans le puissant réflecteur de Parsonstown, il

apparaît entièrement constitué d'étoiles innombrables, mais distinctes et nettement séparées (fig. 4).

Nombre d'autres nébuleuses, que des instruments de faible puissance montrent comme des taches lumineuses indistinctes, ont été décomposées en étoiles par des télescopes d'un pouvoir optique supérieur. W. et J. Herschel ont décomposé en amas beaucoup de nébuleuses qu'on croyait des nébuleuses sans étoiles. Le télescope de lord Rosse (nous venons d'en voir et nous en verrons encore plus loin des exemples) a décomposé de même des nébuleuses que les deux astronomes qu'on vient de citer avaient trouvées irréductibles. De là cette opinion que toutes les nébuleuses sont des agrégations stellaires, et que l'énorme distance où elles sont reléguées, la condensation ou la petitesse des soleils dont elles sont formées, sont seules causes de l'impossibilité où l'on se trouve actuellement d'en opérer la décomposition [1].

Cette opinion a persisté jusqu'à ces dernières années chez un certain nombre d'astronomes, malgré les présomptions contraires tirées de l'aspect particulier offert par certaines nébuleuses irréductibles. Tandis que les nébuleuses résolubles sont généralement de forme régulière, arrondie ou ovale, et que leur lumière offre, ainsi que le remarquait J. Her-

1. C'était, à l'origine, la pensée de W. Herschel, pensée qui se modifia peu à peu, à mesure que les observations du grand astronome s'accumulèrent; et, dès 1771, il disait dans un de ses mémoires : « Il y a des nébulosités (des blancheurs) qui ne sont pas de *nature stellaire*. » Nous le verrons plus loin préciser sa pensée, et distinguer nettement des nébuleuses stellaires celles qu'il considère comme formées d'une matière lumineuse diffuse.

schel, « des élancements stellaires », les grandes
nébuleuses irréductibles, telles que celle d'Orion,
outre l'irrégularité de leur forme, « produisent, selon
le même observateur, une sensation toute différente
et ne font naître aucune idée d'étoiles. »

On comprend toutefois que cette distinction, toute
optique, entre les nébuleuses *résolubles* et les nébuleuses *irréductibles*, reste à un certain degré arbitraire. Il est préférable de donner le nom d'*amas
stellaires* à toutes celles qui ont été effectivement
décomposées en étoiles : on en compte aujourd'hui
plus de 500. A toutes celles qui ne sont point décomposées par les télescopes les plus puissants, nous
conserverons le nom de nébuleuses, en confondant
sous cette dénomination aussi bien celles qui sont
optiquement que celles qui peuvent être, suivant l'expression de J. Herschel, *physiquement* nébuleuses.

Mais, outre cette classification, relative à l'apparence télescopique, il est possible de ranger les
nébuleuses en classes ou catégories, en ayant égard
à la forme, à l'éclat, aux dimensions, au degré de
condensation de la lumière. C'est ce qu'a fait sir
J. Herschel, dans le but de rendre plus facile la comparaison des nombreux matériaux recueillis dans
ses catalogues. Il établit d'abord deux grandes classes, relatives à la forme : la première classe comprend toutes les nébuleuses assez régulières, assez
symétriques, pour que leur forme soit susceptible
de définition; la seconde classe comprend les nébuleuses irrégulières.

Nous indiquerons plus loin, à mesure que nous
aurons l'occasion de les décrire, les subdivisions de
ces deux classes de nébuleuses.

Nous avons dit que nombre de nébuleuses pourraient, au premier abord, être prises pour des comètes. Mais on a déjà vu comment une nébulosité cométaire peut se distinguer d'une véritable nébuleuse. Tandis que la première a un mouvement propre assez rapide, la nébuleuse est fixe, ou du moins, si elle possède un mouvement propre, il s'effectue avec une lenteur comparable aux mouvements propres stellaires. Nous dirons plus loin un mot de cette question intéressante : la détermination du mouvement réel de translation des nébuleuses.

Humboldt, dans le troisième volume du *Cosmos*, insiste sur l'impossibilité de résoudre optiquement la question de savoir s'il existe des nébuleuses qui ne soient pas des amas d'étoiles. « Si dans le débat qui s'est engagé, dit-il, tout récemment, au sujet de la non-existence à travers les espaces célestes d'une matière nébuleuse, douée d'une lumière propre, on veut séparer ce qui est acquis à la science et ce qui n'est encore que la conséquence probable d'une induction, on peut sans beaucoup d'efforts se convaincre que, la force visuelle des télescopes allant toujours en croissant, le nombre des nébuleuses irréductibles diminue dans une proportion rapide, sans toutefois pouvoir jamais être épuisé par cette diminution. A mesure qu'augmente la puissance des télescopes, le dernier venu résout ce que n'avait pu résoudre celui qui l'avait précédé ; mais, en même temps, il est vrai de dire, au moins jusqu'à un certain point, que ces télescopes, pénétrant plus avant dans l'espace, remplacent les nébuleuses qu'ils ont réduites par d'autres qu'on n'avait pu atteindre jusque-là. Ainsi résolution des anciennes nébu-

leuses, et découverte de nébuleuses nouvelles, qui
exigent à leur tour un nouvel accroissement de puissance optique, tel est le cercle dans lequel les choses
se succèdent d'une manière indéfinie. En pourrait-
il être autrement ? »

John Herschel disait de même, et plus affirmati-
vement encore, dans ses *Outlines of astronomy*,
en parlant des observations faites avec le télescope

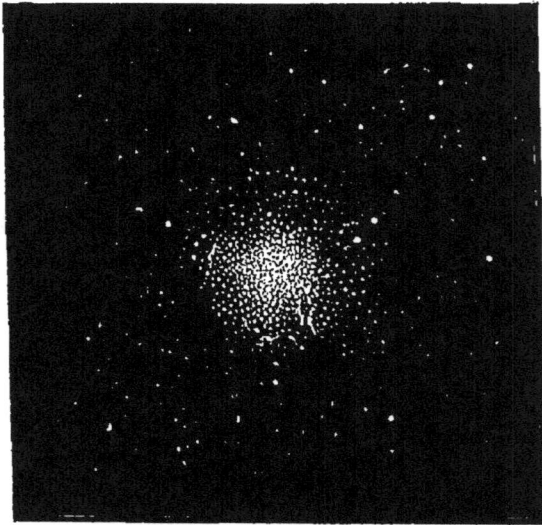

Fig. 6. — Amas du Serpent (5 M, 1916 H), d'après sir J. Herschel.

de lord Rosse : « S'il y a encore des nébuleuses qui
aient complètement résisté à ce puissant télescope,
il est permis cependant de conclure, par analogie,
qu'il n'existe en réalité aucune différence entre les
nébuleuses et les amas d'étoiles. »

Néanmoins cette conclusion, on le verra bientôt,
est beaucoup trop générale. Il est bien vrai que le
nombre des nébuleuses qu'on parvient à résoudre

en étoiles augmente avec l'accroissement du pouvoir optique ; mais il paraît certain qu'il existe des nébuleuses non stellaires formées d'une matière non condensée en astres distincts, probablement à l'état de gaz incandescent ; et c'est l'analyse spectrale qui a ainsi confirmé la vérité de l'hypothèse nébuleuse, soutenue par le grand W. Herschel.

Mais pour le moment, ne nous occupons que des nébuleuses stellaires.

§ 2. — Amas d'étoiles de forme globulaire ou sphérique. — Équilibre mécanique des systèmes stellaires. — Description des principaux amas.

Sur un nombre total d'environ 5,000 nébuleuses recensées [1], on en compte aujourd'hui au moins 560, entre la huitième et la neuvième partie, que le télescope est parvenu à décomposer entièrement en étoiles. Parmi ces amas, un très petit nombre, nous l'avons dit, sont assez lumineux et assez con-

1. Le catalogue général de sir J. Herschel, publié en 1846, contient 5076 nébuleuses, qui se décomposent ainsi :

Amas stellaires........................   535
Amas stellaires globulaires............   30
Amas globulaires résolubles   72
Nébuleuses résolubles   397
Nébuleuses irréductibles ou non résolues. 4042

D'après cette classification, 565 nébuleuses ont été résolues en étoiles, et 469 autres sont considérées comme décomposables. Cela fait 1034 objets qui sont presque assurément des agrégations d'étoiles plus ou moins condensées : la proportion monte jusqu'au cinquième du nombre total des nébuleuses, et il est probable que des moyens optiques plus puissants réduiraient encore le nombre des vraies nébuleuses.

sidérables pour être visibles à l'œil nu. Dans tous,
les étoiles sont si rapprochées, qu'il est impossible
de n'y pas voir de véritables groupes stellaires, de
réelles associations, des systèmes de soleils. Leur
forme généralement arrondie leur donne un aspect
cométaire, et les observateurs qui ne seraient point
familiers avec la composition détaillée des diverses

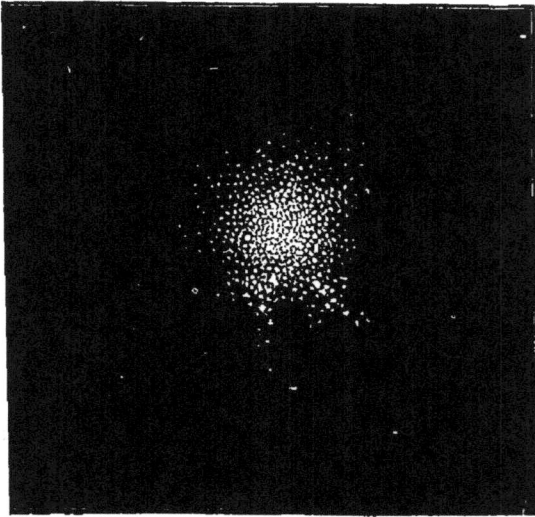

Fig. 7. — Amas du Capricorne (30 M 2128), d'après sir Herschel.

régions du ciel, s'y tromperaient aisément. Mais la
permanence de leur forme, et surtout de leur position, est un caractère qui suffit à les distinguer des
comètes.

Il est aussi des amas, mais ce sont les moins nombreux, dont les contours sont très irréguliers; dans
ceux-ci, le nombre des étoiles est ordinairement
beaucoup moindre que dans les amas de forme globulaire, et leur distribution y est aussi fort différente.

Qu'on jette les yeux sur les dessins des figures 5, 6, 8 et 9. On sera frappé de la condensation remarquable des points lumineux vers le centre des amas que ces dessins représentent. Cette condensation s'explique aisément, si l'on suppose que la forme réelle de l'agglomération est celle d'un globe à peu près sphérique. Alors, même dans l'hypothèse où les étoiles seraient également espacées à l'intérieur de cette sphère, on comprend que le rayon visuel la traverse dans toute l'étendue de son diamètre en face du centre, tandis que, en s'approchant des bords, il en parcourt des portions de plus en plus petites. La perspective seule suffit donc, en général, à rendre compte de l'agglomération apparente des points lumineux, au centre d'un amas de forme globulaire ou sphérique.

Mais l'accroissement d'éclat du bord au centre est souvent plus rapide que ne permet de l'admettre une égale distribution des étoiles à l'intérieur des amas stellaires. On en a conclu que, outre la condensation apparente ou purement optique, il existe une condensation réelle, les étoiles étant plus rapprochées, plus nombreuses à mesure que l'on considère des régions plus centrales de l'amas. Cette condensation s'est sans doute produite à la longue, sous l'influence des forces centrales, résultantes des attractions isolées de tous les soleils qui composent de tels systèmes.

« Comment ces systèmes isolés, dit Humboldt (*Cosmos*, III, 153), peuvent-ils se maintenir? Comment les soleils qui fourmillent à l'intérieur de ces mondes peuvent-ils accomplir leurs révolutions librement et sans chocs? » Ces questions, qui se posent pour

la plupart des nébuleuses, sont les plus difficiles de
tous les problèmes de mécanique céleste. Mais il ne
faut pas oublier que ces agrégations stellaires sont
situées à des distances si grandes, que les corps
dont elles sont formées, et qui nous semblent très
rapprochés les uns des autres, ont entre eux des
intervalles peut-être aussi considérables que la distance de notre Soleil à l'étoile la plus voisine. Leurs
mouvements s'effectuent donc sans doute en toute
liberté, dans des espaces aussi vastes que le nécessite
l'équilibre général, et avec une lenteur relative pro-
portionnée aux dimensions des orbites.

Le nombre des étoiles que renferment les amas
de forme globulaire est souvent prodigieux. Herschel a calculé que plusieurs amas ne renferment pas
moins de cinq mille étoiles [1], agglomérées dans un
espace dont les dimensions apparentes sont à peine
la dixième partie de la surface du disque lunaire.

Tel est l'amas situé entre les deux étoiles η et
ζ d'Hercule (fig. 3 et 52); découvert par Halley en
1714, c'est l'un des plus magnifiques du ciel boréal.
Dans les belles nuits, cet amas, dont J. Herschel
évalue le diamètre à 7′ ou 8′, est visible à l'œil nu,
comme une tache lumineuse de forme ronde; au

1. « C'est en vain, dit-il, qu'on essayerait de compter les
étoiles dans un de ces amas globulaires, les évaluât-on par
centaines; d'un calcul approximatif, basé sur les intervalles
apparents qui existent entre elles, sur les bords du groupe
et sur le diamètre angulaire total, il résulte que quelques
amas stellaires de cette espèce contiennent au moins cinq
mille étoiles, condensées, serrées les unes contre les autres,
dans un espace sphérique, dont le diamètre angulaire, me-
surant au plus 8′ ou 10′, ne dépasse point par conséquent
le dixième de la surface que couvre la Lune. » (*Outlines of
astronomy*, 865.)

télescope, il se résout en une multitude d'étoiles et
conserve son apparence globulaire, mais frangée,
sur les bords, de plusieurs files d'étoiles qui divergent toutes d'un même côté.

L'amas connu sous le nom de ω du Centaure
(fig. 8) est aussi visible à l'œil nu, et paraît brillant comme une étoile de quatrième à cinquième

Fig. 8. — Amas stellaire d'Oméga du Centaure (3504 II),
d'après J. Herschel.

grandeur : son diamètre n'est pas moindre de 20′;
il embrasse donc environ la onzième partie d'un
degré carré. « Ce splendide amas globulaire, dit
J. Herschel, est sans comparaison le plus riche et
le plus grand de tout le ciel. » Dans les instruments
d'une grande puissance, il se résout en une multitude prodigieuse d'étoiles fortement condensées

vers le centre, les unes de douzième, les autres de treizième grandeur.

Nous avons déjà vu que le bel amas du Verseau, que le dessin de J. Herschel nous montre pareil à une fine poussière lumineuse (fig. 4), examiné dans

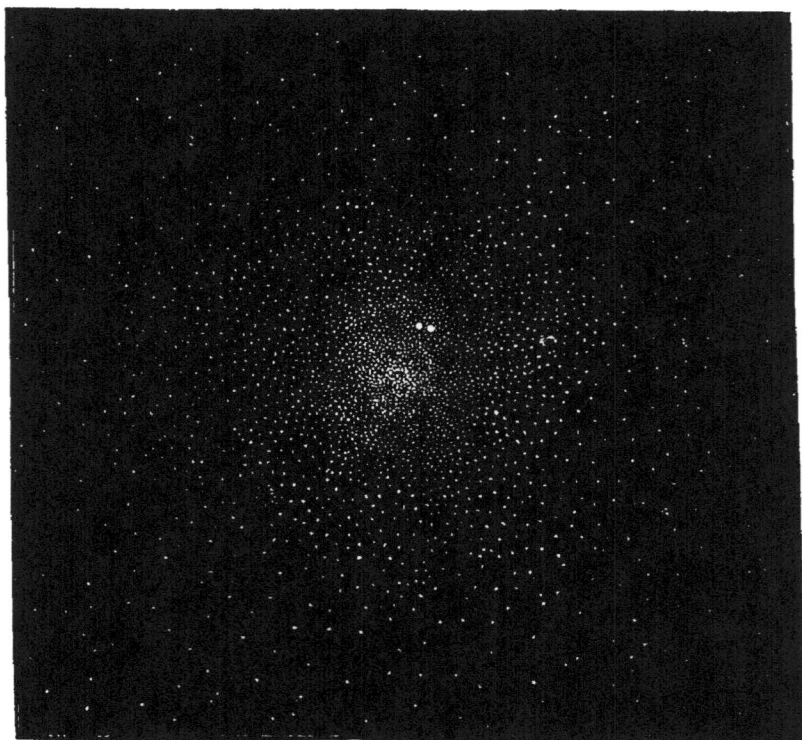

Fig. 9. — Amas du Toucan (2322 H), d'après J. Herschel.

le puissant réflecteur de lord Rosse, apparaît (fig. 5) comme un magnifique amas globulaire entièrement décomposé en étoiles. « Comme la lumière totale de l'amas ne surpasse pas en éclat une étoile de sixième grandeur, il en résulte, dit J. Herschel,

que quelques milliers d'étoiles de quinzième grandeur équivalent à une seule de la sixième. »

Un autre bel échantillon de ce genre est le splendide amas du Toucan, très visible à l'œil nu dans le
voisinage de la petite Nuée de Magellan, en une
région du ciel austral entièrement vide d'étoiles. La
condensation des étoiles au centre de cet amas est
extrêmement prononcée; elle se divise en trois gra-

Fig. 10. — Amas de formes singulières, d'après J. Herschel.
Amas du Scorpion (3641 H).

dations parfaitement distinctes, et la couleur rouge
orangé de l'agglomération centrale contraste merveilleusement avec la lumière blanche des enveloppes concentriques. Une étoile double se projette
sur l'amas, mais il est probable qu'elle n'a aucune
connexion avec le groupe. Étoiles innombrables de
douzième à quatorzième grandeur.

Les amas de forme sphérique sont ordinairement
les plus riches en étoiles, et ceux dont la décompo-

sition par les instruments semble la plus aisée. Néanmoins, parmi les autres, il en est dont la résolution, jusqu'alors impossible, a été obtenue par l'emploi des télescopes de la plus grande force optique. Telle est la nébuleuse ovale d'Andromède, que nous allons trouver bientôt au nombre des masses en partie décomposées.

Voici quelques amas de formes bizarres (fig. 10 et

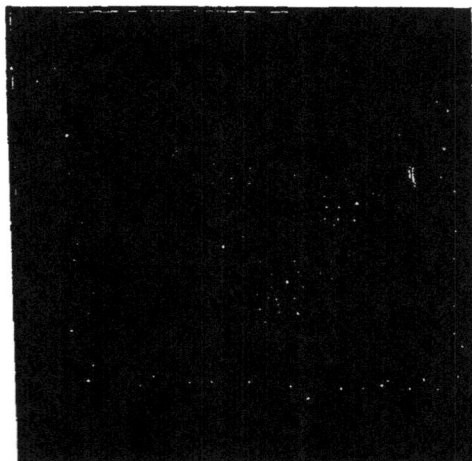

Fig. 11. — Amas de formes singulières. — Amas de l'Autel (3645 II).

11), où tout indice de concentration a disparu. Le dessin qui représente l'amas des Gémeaux (fig. 12) semble un intermédiaire entre ces groupes informes [1] et les puissantes agglomérations sphéri-

1. Le mot *informe* est peut-être ici incorrect. Et, en effet, l'amas de la figure 10 forme, dans sa partie centrale, un cercle, dont les étoiles semblent coupées suivant deux diamètres à angle droit par des espaces vides, et qui est enveloppé d'un anneau pareillement vide d'étoiles. L'amas de la figure 11 a l'apparence d'un triangle, circonscrit à distance par les trois côtés d'un carré formé de files de points lumineux.

ques que nous avons passées en revue. Là encore, au sommet de l'espèce de pyramide que forme ce

Fig. 12. — Amas des Gémeaux (VI 2 W. II., 415 H), d'après sir J. Herschel.

singulier amas, les points lumineux se pressent comme vers une masse prépondérante. Dans les amas des figures 10 et 11, on ne voit plus rien de pareil.

§ 3. — Les systèmes des amas d'étoiles. — Hypothèse de la liaison des étoiles composantes d'un amas, sous l'influence de la gravitation. — Analogie avec l'ensemble des étoiles visibles à l'œil nu.

Avant de continuer notre description des nébuleuses, il n'est pas sans intérêt d'arrêter encore un instant notre attention sur les amas de forme globulaire ou sphérique. Rappelons d'abord que, sur un

nombre total de 637 amas que renferme le catalogue
général des nébuleuses d'Herschel, 102 sont notés
comme globulaires, et 30 de ceux-ci sont entièrement résolus; les 72 autres sont simplement résolubles.

De telles associations, formées le plus souvent de
myriades d'étoiles, sont évidemment des systèmes,

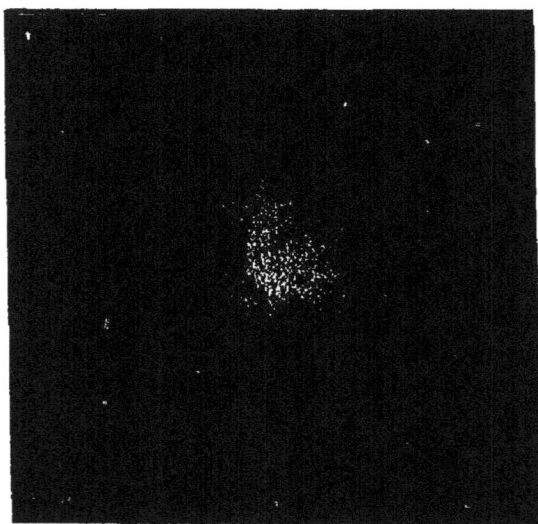

Fig. 13. — Amas du Serpent (1929 H), d'apres sir J. Herschel.

des groupes dont les individus sont unis par un lien
physique. En admettant comme une hypothèse hau-
tement probable, que ce lien est celui des corps
célestes de notre monde solaire, celui des composantes des étoiles doubles et multiples, c'est-à-dire
la gravitation, on se demande naturellement quelles
perturbations multipliées doivent subir les mouvements de tant de corps réunis, et si rapprochés que
les collisions semblent devoir être inévitables. La

forte condensation qu'on observe au centre de quelques amas dénote en outre, ainsi que J. Herschel l'a fait remarquer, autre chose qu'une simple distribution uniforme d'étoiles équidistantes. Elle indique une tendance vers le centre, qui, à moins d'un mouvement rotatoire et de la force centrifuge résultant de ce mouvement, doit amener à la longue un affaissement progressif. Quelle idée doit-on donc se faire de l'état dynamique et de l'équilibre de pareils systèmes?

L'état de la science ne permet sans doute aucune réponse positive à cette question, aucune solution de ces problèmes si vastes. Mais il ne faut pas oublier que, en les posant, nous embrassons par la pensée des phénomènes dont la durée doit être aussi prodigieuse que les distances où ils se passent. Nous condensons en un moment, ce qui exige sans doute des milliers de siècles pour s'accomplir, de la même manière que, grâce à la prodigieuse distance des amas, nous condensons dans notre vue, au foyer de nos instruments, d'incommensurables espaces.

Plaçons-nous par la pensée au centre d'un des amas stellaires où nous venons de voir, par milliers, fourmiller les soleils. Quel spectacle le système offrira-t-il à notre vue? Tout fait croire que ce spectacle ne sera pas moins éblouissant, ne sera pas moins grandiose que celui du ciel étoilé, tel qu'il apparaît de la Terre. Toutes ces étoiles si resserrées, quand on les voit du point de l'espace où nous sommes, vues de l'intérieur de l'amas, nous paraîtraient dispersées sans doute dans les profondeurs de l'éther comme celles que nous voyons ici à l'œil nu. Et, en effet,

elles sont probablement aussi éloignées les unes
des autres que notre Soleil l'est des étoiles des sept
ou huit premières grandeurs. En calculant la distance des étoiles de la vingtième grandeur, d'après
la loi formulée par W. Struve, on trouve qu'elle
n'est pas inférieure à 900 fois celle des étoiles de
premier ordre, dès lors à 900 millions de fois le
rayon de l'orbite terrestre. D'un amas stellaire
aussi éloigné, la lumière met 14 000 ans à venir
jusqu'à la Terre ; et c'est aussi par millions de
rayons de notre orbite, que se mesurent les dimensions diamétrales d'un pareil système, que nous
voyons sous des dimensions angulaires de quelques minutes. En un mot, quand nous contemplons
les milliers d'étoiles éparses autour de nous dans
le firmament, nous pouvons nous croire au centre
d'un système semblable à l'un des amas stellaires
que nous venons de décrire ; on verra que telle est,
en effet, l'opinion généralement adoptée par les
astronomes qui ont étudié la structure de l'univers
visible. S'il en est ainsi, les collisions ne sont pas
plus à craindre entre les individus d'un amas globulaire, qu'entre les étoiles que nous voyons à l'œil
nu, et qui sont séparées les unes des autres par de
si énormes distances. Les forces attractives dont
elles sont le siège, s'exercent pour produire des
mouvements continuels dans toutes les étoiles, des
mouvements sans doute très rapides, mais qui cependant sont pour nous des mouvements séculaires.

Quant aux amas de forme irrégulière, composés
d'un petit nombre d'étoiles éparses, qui empêche de
les considérer, ainsi que le faisait W. Herschel,

comme des groupes dont l'état de condensation est moins avancé que celui des amas sphériques, mais pouvant le devenir à la longue, si l'attraction de quelques masses centrales plus considérables, ou d'un groupe d'individus plus serrés, finit par devenir prépondérante?

§ 4. — Nébuleuses stellaires partiellement résolues, ou nébuleuses résolubles.

En se laissant guider par l'analogie, il est difficile de ne pas ranger parmi les amas stellaires un grand nombre de nébuleuses, dont le télescope n'a pu encore et ne pourra peut-être jamais séparer les composantes, mais qui offrent une ressemblance frappante avec les amas. Ce sont les nébuleuses dont la forme régulière est circulaire ou ovale, et dont la lumière est condensée vers le centre. Les trois premiers dessins de la figure 14 donnent, d'après sir J. Herschel, des échantillons de ces sortes de nébuleuses, dont la forme arrondie a l'aspect des amas globulaires non résolus; on en connaît un grand nombre de semblables. Dans quelques-unes, la condensation de lumière est graduelle de la circonférence au centre; dans d'autres, l'éclat nébuleux ne va pas en croissant d'une manière continue, mais augmente par couches concentriques analogues à celles que nous avons déjà signalées dans l'amas du Toucan. Cette dernière circonstance donne une ressemblance de plus entre les amas globulaires décomposés en étoiles, et les nébuleuses de même forme non encore résolues. Mais ces apparences

n'appartiennent pas seulement à des nébuleuses
de forme circulaire. Il en est qui affectent une
forme ovale plus ou moins prononcée, comme on

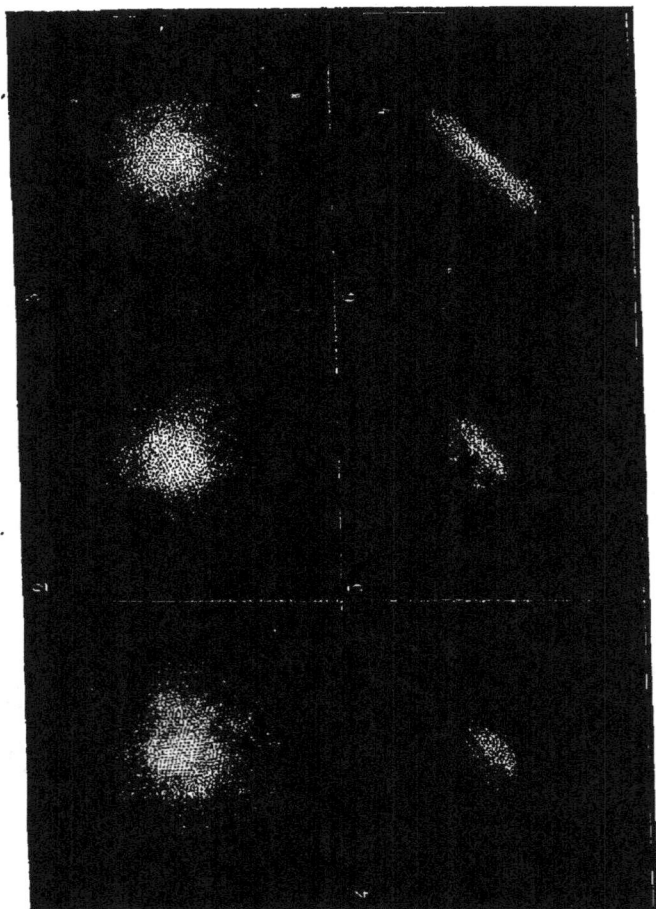

Fig. 14. — Nébuleuses de forme régulière, circulaire ou ovale, d'après J. Herschel.

peut le voir sur la figure 14 (n⁰ˢ 4, 5 et 6) et dans la
figure 15 (n⁰ˢ 7, 8 et 9). De la forme, d'abord parfaitement ronde, des trois premières, on peut passer
par des gradations insensibles aux formes ellipti-

ques les plus allongées, presque jusqu'à la ligne droite. Dans les unes et les autres, on remarque vers le centre une condensation marquée de la

Fig. 15. — Nébuleuses de forme elliptique allongée, d'après sir J. Herschel.

lumière, qui indique une analogie de composition avec les amas stellaires de forme sphérique. Nous avons déjà vu un exemple de cette forme elliptique dans la fameuse nébuleuse d'Andromède. Pour les premiers observateurs, c'était une nébuleuse sans étoiles. C'est ce que dit formellement Simon Marius dans le passage que nous avons cité au début du premier chapitre. « Sa forme, dit J. Herschel, telle qu'on la voit dans un télescope ordinaire, est un ovale assez allongé, dont l'éclat croit d'abord par degrés insensibles, puis, à la fin, très rapidement jusqu'au point central. Ce point, bien que beaucoup plus brillant que le reste, n'est certainement pas stellaire, mais, ainsi que le tout, une nébuleuse dans un état extrême de condensation. Quelques étoiles se projettent accidentellement sur la nébu-

losité ; mais, avec un réflecteur de 18 pouces d'ouverture (46 centimètres), rien n'excite le soupçon
qu'elle soit composée d'étoiles. » Or, en 1848, le

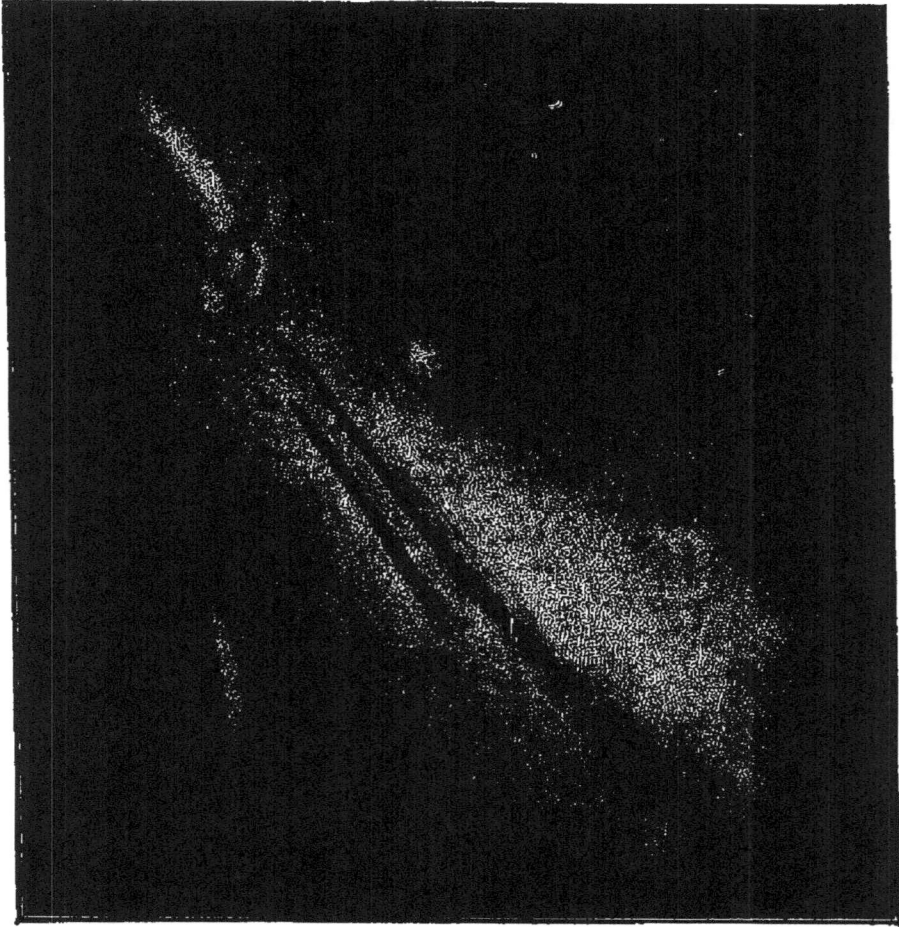

Fig. 16. — La nébuleuse elliptique d'Andromède, d'après le dessin
de G.-P. Bond.

regretté directeur de l'Observatoire de Cambridge
(États-Unis), G.-P. Bond, à l'aide de la fameuse
lunette de 38 centimètres de cet établissement, a

décomposé la nébuleuse jusque-là irréductible. Il a
pu y compter jusqu'à 1500 étoiles ; et, bien que
le noyau ait résisté à la décomposition, il ne parait
pas douteux que la nébuleuse d'Andromède tout
entière soit un amas stellaire. On peut voir, par la
comparaison des figures 1 et 16, quelle altération
sa forme régulière et ovale bien connue subit, quand
elle est vue dans un aussi puissant instrument. Outre
la résolubilité en étoiles, qui est le fait capital des
observations de Bond, il y a d'autres particularités
intéressantes à signaler dans son dessin. Deux longues fissures sombres y séparent les masses nébuleuses de la partie centrale, et, au lieu d'un point
unique de condensation lumineuse au centre, on en
remarque plusieurs, situés excentriquement ou laté-
ralement. Les étoiles vues par Bond n'ont pas été
figurées dans le dessin que nous reproduisons
d'après son mémoire.

On voit donc que, parmi les amas stellaires, il se
trouve aussi des nébuleuses, de forme très allongée,
mais caractérisées par une condensation lumineuse.
Néanmoins, comme le fait remarquer sir J. Herschel, la plupart des nébuleuses de forme elliptique
sont résolues avec plus de difficulté que les nébuleuses de forme globulaire. Est-ce, comme le
même astronome le suggère, l'indice d'une constitution dynamique ou physique particulière? La
forme réelle de tels amas est peut-être celle d'ellip-
soïdes plus ou moins aplatis, qui se montrent à
nous plus ou moins obliquement.

§ 5. — Les nébuleuses planétaires.

Parmi les nébuleuses de forme circulaire, il en est qui ne présentaient aucune apparence de condensation : quelques-unes cependant ont été partiellement résolues.

Ce sont les *nébuleuses planétaires.*

W. Herschel donnait ce nom à des disques uniformément lumineux ayant l'apparence d'un corps sphérique, faiblement éclairé par une lumière étrangère. Voici comment les décrit sir J. Herschel : « Elles ont dans quelques cas, dit-il, ainsi que l'indique leur nom, une parfaite ressemblance avec les planètes, offrant des disques ronds ou légèrement ovales, parfois nettement terminés, parfois un peu brumeux ou estompés sur les bords. Leur lumière est, dans les unes, d'une complète uniformité ; dans d'autres, pommelée et d'une *texture* toute particu-

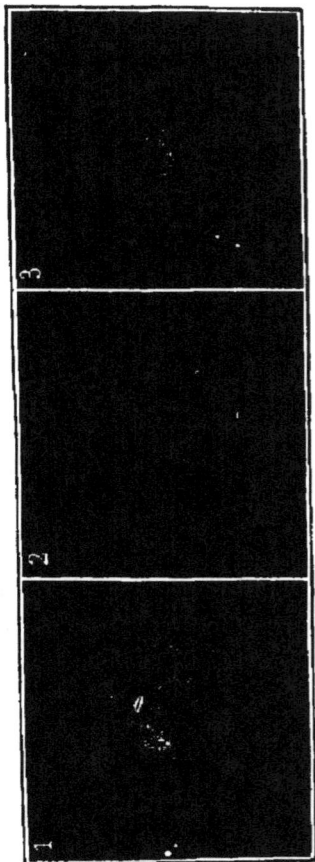

Fig. 17. — Nébuleuses planétaires, d'après J. Herschel. — 1. Des Poissons (838 II). — 2. De la Grande-Ourse (112 H). — 3. D'Andromède (2241 H).

4

lière, comme si elle était coagulée. Ce sont des
objets relativement rares, ne dépassant pas jusqu'à présent le nombre de 24 ou 25, dont les trois
quarts ont été observés dans l'hémisphère austral. »
Herschel cite une nébuleuse planétaire de la Croix,
dont l'éclat égale celui d'une étoile de sixième-sep-
tième grandeur, et dont le diamètre est d'environ
12″. Le disque, circulaire ou légèrement elliptique,
a un contour net, bien défini, ressemblant à une
planète, sauf sous le rapport de sa couleur, qui est
d'un beau bleu foncé tournant un peu sur le vert.
Il est à remarquer que ce phénomène de couleur
bleue, si rare dans les étoiles (à moins qu'elles
n'aient pour voisines immédiates des étoiles jaunes),
se montre encore, bien que moins prononcé, dans
les trois autres nébuleuses planétaires. On peut
voir, dans la figure 17, un certain nombre de ces
nébuleuses de forme circulaire. Ce qui les différencie des amas globulaires ou nébuleuses sphériques, c'est l'égalité d'éclat de toute la surface, ou
du moins l'absence de toute condensation lumineuse au centre, de toute dégradation de lumière
du centre à la périphérie. Ce n'est que sur les
bords mêmes du disque nébuleux, qu'on aperçoit
une légère diminution dans l'intensité dont nous
parlons. On en avait conclu que ce ne sont point
des amas d'étoiles de forme sphérique ou ellipsoï-
dale, puisque, comme nous l'avons vu, même dans
la supposition d'une égale distribution dans l'espace des composantes du groupe, la perspective
seule donnerait une condensation apparente vers
le centre de l'image. Sont-ce de véritables amas
stellaires de forme aplatie, et qui se présentent à

notre rayon visuel perpendiculairement à leur face
circulaire? Ou encore, comme le dit J. Herschel,
les étoiles de ces nébuleuses sont-elles rangées en
forme d'écaille sphérique creuse; forment-elles un
disque très aplati vu de face? Cela semble peu probable. Et, en effet, l'emploi de télescopes plus
puissants a parfois modifié singulièrement l'aspect
des nébuleuses dites planétaires, au point de ne plus
laisser place aux conjectures qu'avait fait naître

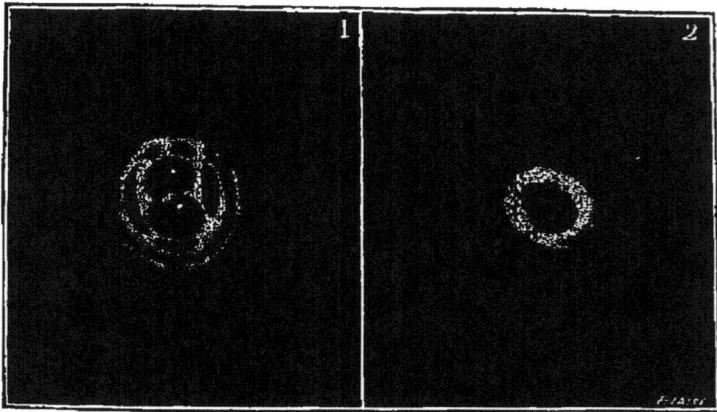

Fig. 18. — Nébuleuses planétaires, d'après lord Rosse.
1. De la Grande-Ourse. — 2. D'Andromède.

l'uniformité de leur éclat. Ainsi la nébuleuse planétaire de la Grande-Ourse, dont la lumière est si
uniformément répartie dans le dessin de J. Herschel (fig. 17, 2), a été aperçue avec un tout autre
aspect dans le grand télescope de lord Rosse. Le
disque s'est changé en une double couronne lumineuse enveloppée d'une bordure frangée; au centre
de la nébulosité apparaissent deux points qui ont
toute l'apparence d'étoiles (fig. 18). Un autre exem-

ple de ces changements nous est fourni par la nébuleuse planétaire voisine de x d'Andromède, qui,
parfaitement ronde dans le dessin d'Herschel (fig. 17,
3), apparaît sous la forme d'un anneau lumineux dans
celui de lord Rosse (fig. 18, 2). Cet anneau, cons-
tellé de points brillants probablement stellaires, est

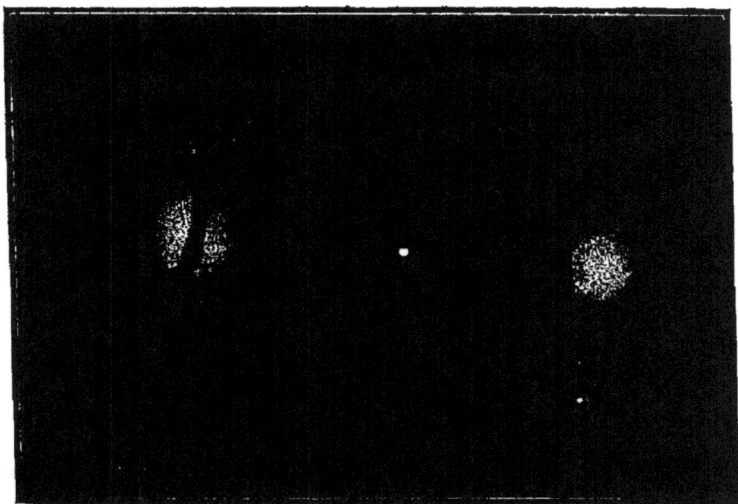

Fig. 19. — Nébuleuses de forme elliptique ou allongée à condensation
centrale, vues dans le télescope de lord Rosse. — 1. Nébuleuse de Pégase (2139 H). — 2. Id. (2297 H).

enveloppé d'un anneau plus faible entièrement nébuleux.

Enfin, les deux nébuleuses de la figure 19, appartenant l'une et l'autre à la constellation de Pégase,
sont caractérisées par la liaison d'une nébulosité
centrale qui les fait ressembler à des amas sphériques ou à des nébuleuses planétaires, avec des
appendices, elliptique pour l'une, évasé pour la
première. Dans cette dernière nébuleuse, une large

fissure traverse tout le système, qu'il divise en deux
moitiés symétriques.

Sir J. Herschel a observé plusieurs nébuleuses
planétaires qui présentent une particularité remarquable : on aperçoit, à une faible distance des contours extérieurs des nébulosités, une ou plusieurs
petites étoiles dont la présence suggère l'idée que
ce sont des satellites accompagnant la nébuleuse.
D'après le savant astronome, une telle dépendance
n'aurait rien d'impossible : « Les énormes dimensions de ces corps, et par conséquent leurs masses
sans doute considérables (si ce ne sont point des
écailles creuses), peuvent donner à l'énergie de leurs
forces attractives une grandeur capable de retenir,
dans des orbites d'un diamètre trois ou quatre fois
supérieur à leur propre diamètre et dans des périodes de longueurs proportionnelles, de petits
corps ayant le caractère d'étoiles. Il serait intéressant, pour vérifier la justesse de cette manière de
voir, de procéder à des séries de mesures d'angles
et de positions des compagnons stellaires supposés,
faites micrométriquement avec un grand soin... »

CHAPITRE III

§ 1. — Classification des nébuleuses sous le rapport de leurs
formes; nébuleuses régulières et nébuleuses irrégulières.

Nous avons insisté déjà sur la difficulté qu'on
éprouve à distinguer les nébuleuses résolubles, ou
décomposables en étoiles, des nébuleuses irréductibles. Pendant plusieurs années, W. Herschel sou-
tint l'opinion que toutes les nébuleuses sont stellaires, « qu'il n'y a d'autre différence essentielle,
entre les nébuleuses les plus dissemblables en apparence, qu'un plus ou moins grand éloignement,
une plus ou moins grande condensation des étoiles
composantes ». Il se mettait ainsi, remarque Arago,
en opposition manifeste avec Lacaille, qui, à son
retour du cap de Bonne-Espérance, disait dans les
Mémoires de l'Académie des sciences pour 1755 :
« Il n'est pas certain que la blancheur de ces parties
(les Nuées de Magellan et les blancheurs de la Voie
lactée) soit causée, comme on le croit communé-
ment, par des amas de petites étoiles plus serrées

que dans les autres parties du ciel ; car, avec quelque attention que j'aie considéré les mieux terminées, soit de la Voie lactée, soit des Nuées de Magellan, je n'y ai rien aperçu avec la lunette de 14 pieds qu'une blancheur dans le fond du ciel, sans y voir plus d'étoiles qu'ailleurs, où le fond était obscur. » W. Herschel modifia plus tard cette manière de voir. En 1771, il disait dans un de ses nombreux mémoires sur les nébuleuses : « Il y a des nébulosités *qui ne sont pas de nature stellaire (of a starry nature).* »

De nos jours, on ne croit plus, comme Lacaille, que la Voie lactée soit une nébuleuse irréductible, parce que l'accroissement de pouvoir des télescopes a résolu des parties de plus en plus étendues de la grande nébuleuse ; on sait d'ailleurs qu'outre les étoiles innombrables qui la composent, elle renferme plus d'amas stellaires que les autres parties du ciel et un nombre restreint de véritables nébuleuses, tandis que les Nuées de Magellan ont au contraire plus de nébuleuses que d'amas. Les nébuleuses résolues par le télescope de lord Rosse ont ramené toutefois la plupart des astronomes aux premières vues d'Herschel, jusqu'à ce que l'analyse spectrale ait décidément démontré l'existence des nébuleuses proprement dites.

La difficulté dont nous parlions plus haut n'en subsiste pas moins pour un grand nombre des nébuleuses connues. La lumière de la plupart d'entre elles est si faible, que l'analyse spectroscopique en est impossible, de sorte qu'on peut toujours se demander si l'impuissance du télescope à les résoudre en étoiles provient de l'immensité des distances où elles se trouvent de nous, ou de leur nature de masses physiquement nébuleuses.

Comme notre description n'a eu jusqu'ici pour objet que les nébuleuses résolubles, ou les amas d'étoiles, nous n'avons plus d'autre moyen, pour mettre un peu d'ordre dans la description des autres nébuleuses, que de les considérer sous le rapport de leur forme ou de leur dimension apparente. Par exemple, nous diviserons d'abord les nébuleuses en *régulières* et *irrégulières*, comprenant dans la première classe tous les objets dont la forme est à peu près géométrique ou susceptible de définition : circulaires, ovales ou elliptiques, annulaires, spirales, etc. Les nébuleuses, de formes tout à fait irrégulières ou dissymétriques, seront examinées ensuite. Il suffira de se rappeler que cette classification est, en grande partie, arbitraire : telle nébuleuse qui, dans un télescope, affecte une forme régulière, elliptique je suppose, prend, quand on l'étudie avec un pouvoir optique supérieur, des apparences et des contours bien différents de la première image, et se trouverait ainsi passer de la première classe dans la seconde. Mais il importe peu.

On vient de voir de nombreux exemples de nébuleuses régulières de forme ronde ou ovale : les unes, offrant une condensation centrale, sont la plupart des amas sphériques ou globulaires d'étoiles; ou, si elles n'ont pas été réellement résolues, peuvent être considérées comme résolubles. Quant aux nébuleuses planétaires, sauf deux ou trois, qui semblent résolues, elles restent dans les objets de nature douteuse.

Continuons maintenant notre description.

§ 2. — Nébuleuses annulaires ou perforées. — Nébuleuse annulaire de la Lyre; nombre restreint de ces sortes de nébuleuses.

Parmi les nébuleuses de forme ronde ou ovale, il en est un très petit nombre qui offrent une structure toute particulière et fort curieuse, dont nous venons de voir à l'instant un exemple dans la nébuleuse planétaire d'Andromède. Je veux parler des nébuleuses annulaires ou perforées. L'une d'elles, fort intéressante, est située dans la constellation de la Lyre, non loin de la brillante Wéga, entre les deux étoiles β et γ du même astérisme. Un anneau nébuleux, de forme ovale, entoure un espace plus sombre, dont la pâle lueur, uniformément répartie, ressemble à une « gaze légère » étendue sur l'anneau [1]. Telle est l'apparence qu'a présentée d'abord cet objet singulier (fig. 20, 1). Depuis, le télescope de lord Rosse a distingué une série de points lumineux sur les bords intérieur et extérieur de l'anneau ; sont-ce des étoiles ? Des lignes parallèles remplissent l'ou-

[1]. Un dessin de Secchi représente la nébuleuse perforée de la Lyre comme une fine poussière de points lumineux; l'anneau, bien terminé aux extrémités du petit axe, se fond au contraire aux extrémités du grand axe en deux nappes, dont la faible lumière rappelle précisément la lueur de la partie centrale. Dans le même dessin, on aperçoit, un peu au nord du centre, une très petite étoile. MM. d'Arrest, Lassell, Winlock et Trouvelot, et, en dernier lieu, M. Holden, ont étudié et dessiné cette nébuleuse intéressante. Les mesures de M. Holden donnent au grand axe 77″,3 et au petit axe 58″. Ces dimensions sont relatives aux contours les plus lumineux.

vèrture, et les bords extérieurs sont constellés de franges (fig. 20, 2).

Nous reproduisons ici, d'après les dessins de

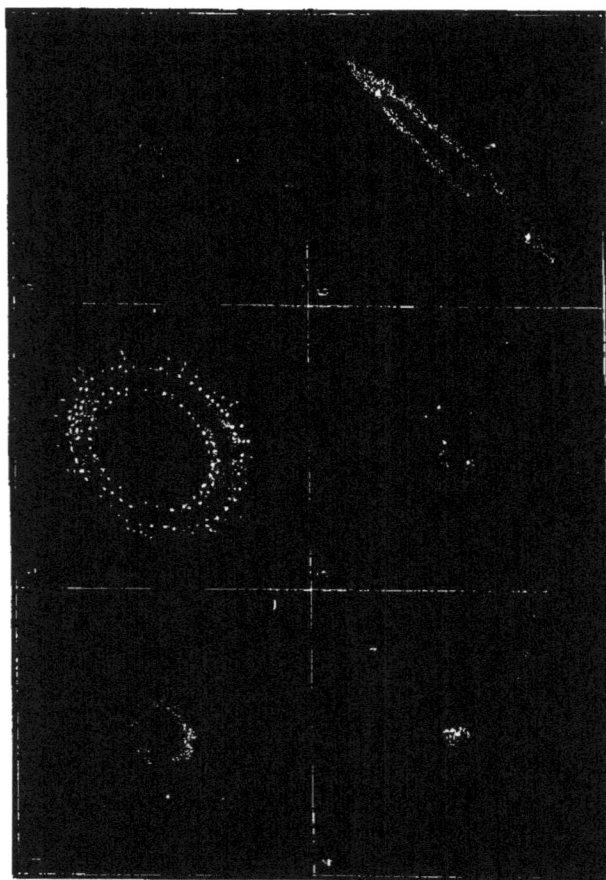

Fig. 20. — Nébuleuses annulaires. — 1. De la Lyre, d'après J. Herschel (57 M, 2023 H). — 2. De la Lyre, d'après lord Rosse. — 3. Du Cygne (2072 H). — 4. D'Ophiucus (2686 H). — 5 Du Scorpion (3680 H). — 6. Nébuleuse annulaire voisine de γ d'Andromède (218 H).

J. Herschel, deux autres nébuleuses annulaires, l'une ovale, l'autre ronde. La première (fig. 20, 3), qui a beaucoup d'analogie avec la nébuleuse de la Lyre, est située entre les constellations du Cygne et

du Renard ; la seconde (fig. 20, 4) est dans Ophiucus. La forme ovale de l'anneau est déjà prononcée
dans la nébuleuse portant le n⁰ 5, qui présente en
outre une singularité que nous retrouverons bientôt : deux étoiles se trouvent situées sur l'anneau,
aux extrémités de son plus petit diamètre intérieur.
Mais, dans une nébuleuse annulaire voisine de la
belle étoile triple γ d'Andromède (fig. 20, 6), l'an-

Fig. 21. — Nébuleuse annulaire elliptique au nord de η de Pégase,
d'après M. Mitchell.

neau est excessivement allongé (son grand axe mesure plus de 10), et deux étoiles y sont aussi symétriquement placées ; seulement, cette fois, c'est à
l'extrémité du plus grand diamètre intérieur de l'ellipse. « On ne peut guère douter, dit J. Herschel,
que ce soit là un anneau mince de forme plane,
d'énormes dimensions, et vu obliquement. » Dans le
télescope de lord Rosse, on y a distingué six étoiles.

Voici enfin (fig. 21) une belle nébuleuse de forme
elliptique très allongée, où l'on remarque, dans la
direction du grand axe, un vide sombre qui donne à
l'ensemble la forme annulaire. Une forte condensation avec un noyau stellaire se voit au centre.

Il faut remarquer que la nébuleuse de la Lyre
est la seule dont l'intérieur soit lui-même nébuleux;
dans les autres, la partie vide de l'anneau est d'un
noir très foncé.

§ 3. — Étoiles nébuleuses. — Nébuleuses coniques ou cométaires.

Terminons le tableau, si merveilleusement riche
en formes variées, des nébuleuses régulières, par la
mention de celles qui ont reçu le nom d'*étoiles nébuleuses*. Ce ne sont autre'chose que des nébulosités,
tantôt circulaires tantôt ovales, tantôt annulaires,
mais toujours régulières, dans l'intérieur desquelles
apparaissent un ou plusieurs points lumineux, sans
doute des étoiles, se détachant distinctement de la
nébulosité, et d'ailleurs symétriquement placés. Si
la nébuleuse est circulaire, l'étoile occupe le centre;
dans le cas d'une forme elliptique, deux étoiles sont
comme aux deux foyers de la courbe. On en peut voir
une (fig. 22) où trois étoiles sont régulièrement dis-
posées aux sommets d'un triangle équilatéral, tandis
qu'une autre nébuleuse très allongée a deux étoiles
placées extérieurement aux deux bouts du plus
grand diamètre. Parmi les observations d'étoiles nébuleuses dues à W. Herschel, il en est dont la nébulosité conserve un éclat uniforme dans toutes ses

parties ; d'autres, au contraire, où la lueur nébuleuse décroît graduellement du centre aux bords.
Sir J. Herschel en a décrit qui paraissent former le

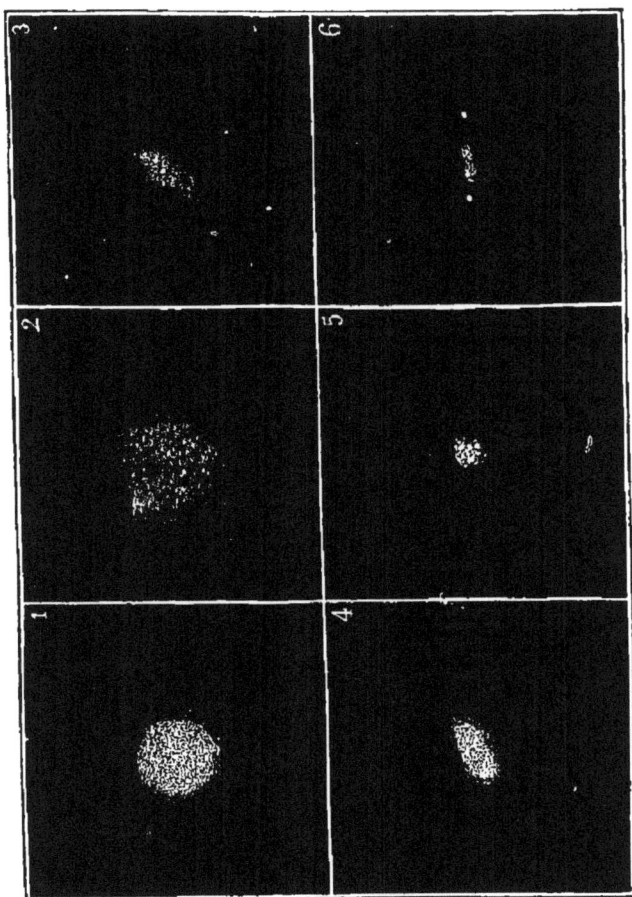

Fig. 22. — Étoiles nébuleuses, d'après J. Herschel. — 1. Du Cygne (2051 H). — 2. De Persée (311 H). — 3. Du Centaure (3549 H). — 4. Du Sagittaire (2003 H). — 5. Du Cocher (355 H). — 6. De l'Hydre (536 H).

lien entre les nébuleuses planétaires et les étoiles
nébuleuses, le point lumineux central ne se distin-
guant pas nettement sous la forme stellaire, comme
dans les étoiles nébuleuses, et, d'autre part, la nébu-

losité n'ayant ni un éclat uniforme comme dans les
nébuleuses planétaires, ni cette dégradation insensible qu'on observe dans les premières. A ce sujet,
il se demande si, parmi les étoiles nébuleuses, il
n'en est pas qui soient dues à la projection d'une
étoile sur certaines régions nébuleuses des espaces
célestes. Il est difficile de se prononcer sur une
question aussi déli-
cate. Là, comme dans
les nébuleuses pla-
nétaires, des télesco-
pes d'une très grande
puissance nous font
voir, au lieu d'un dis-
que faiblement mais
également éclairé ,
des formes bien plus
irrégulières, et où la
lumière se distribue
d'une façon beau-
coup plus inégale.
Telles sont les étoi-
les nébuleuses re-
présentées dans la

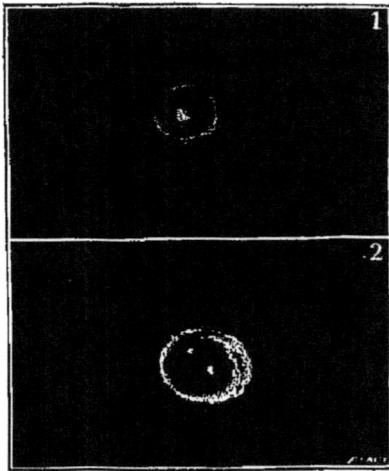

Fig. 23. — Étoiles nébuleuses, d'après lord
Rosse. — 1. Des Gémeaux. — 2. Du Navire.

figure 23, d'après les dessins originaux de lord Rosse.

On s'est aussi demandé s'il ne faut pas voir dans
les étoiles nébuleuses des soleils enveloppés d'une
atmosphère de dimension considérable, rendue visible à ces énormes distances par l'illumination des
foyers stellaires. Cette opinion n'est certes pas dé-
nuée de vraisemblance, bien qu'on puisse aussi, ce
nous semble, considérer les étoiles nébuleuses
comme des amas d'une multitude de très petites

étoiles, ayant à leur centre un soleil simple, double ou même multiple, dont l'éclat prépondérant suffirait à expliquer sa visibilité particulière. Le bel amas du Toucan, dont on a vu plus haut une description et un dessin, a été décomposé par J. Herschel en étoiles distinctes ; en le supposant relégué à une plus grande distance , ou,cequirevientau même, en l'observant avec un moindre pouvoir optique, ne présenterait-il pas l'aspect d'une étoile nébuleuse? Il est vrai que les deux composantes de l'étoile double qui paraît projetéesur l'amas, n'en occupent pas le centre, ce qui permet de croire qu'elles ne sont pas dans la dépendance du groupe. En tout cas, l'aspect serait bien celui d'une étoile nébuleuse.

La régularité dans les formes d'un grand nombre de nébuleuses n'est sans doute qu'apparente. Elle

Fig. 24. — Nébuleuses de forme conique ou cométaire. — 1. De l'Éridan, d'après J. Herschel. — 2. De la Licorne, d'après lord Rosse. — 3. De la Grande-Ourse, d'après J. Herschel.

disparait en partie, quand on les examine avec des
instruments très puissants, c'est-à-dire lorsque, rapprochées ainsi de notre œil, elles lui laissent voir les
détails de leur structure. Alors, les grandes masses
de lumière n'étant plus prépondérantes, la forme primitive perd de sa symétrie, comme on le peut voir

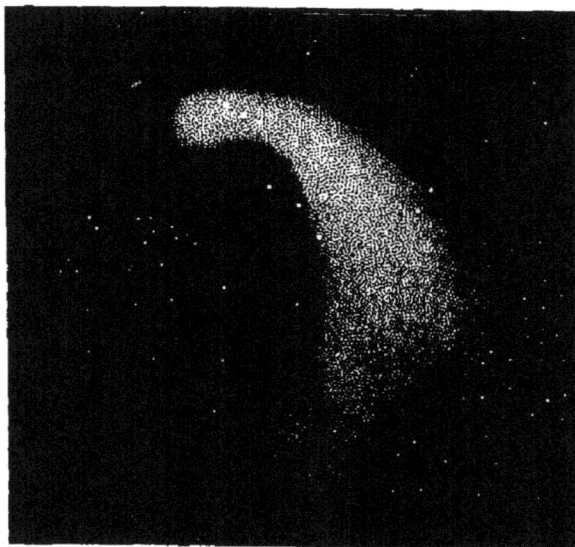

Fig. 23. — Nébuleuse du Navire (3239 H), d'après J. Herschel.

dans les deux dessins qui représentent la nébuleuse
annulaire de la Lyre.

Aussi, je le répète, la classification que nous
avons adoptée est-elle tout arbitraire : elle nous
permettra de ranger encore parmi les nébuleuses
régulières celles qui affectent la forme conique ou
parabolique, assez semblable à celle de quelques
comètes, ainsi que les nébuleuses de forme spiraloïde. Nous donnons ici (fig. 24) trois échantillons de

ces nébuleuses, dont la forme a beaucoup d'analogie avec certains amas stellaires : par exemple, l'amas des Gémeaux (p. 40) présente la même disposition en éventail, la même concentration lumineuse au sommet, que les nébuleuses de la figure 24.

Voici encore une nébuleuse (fig. 25) qui se rapproche, par sa forme évasée, des nébuleuses cométaires, mais qui semble donner en même temps, par

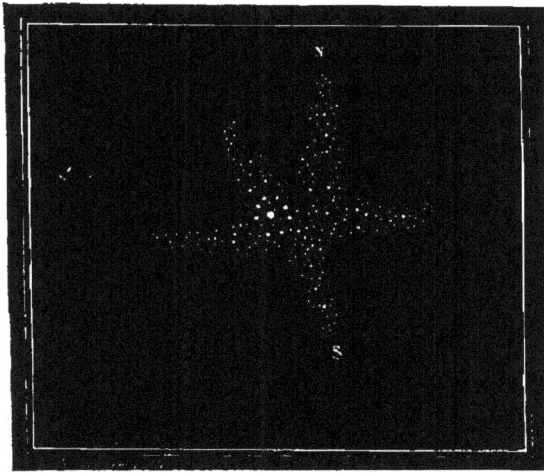

Fig. 26. — Amas de la Licorne (390 H).

un contournement singulier, le premier élément de la nébuleuse spirale. Elle a une grande analogie de forme avec un amas dont nous parlerons plus loin en décrivant la Voie lactée.

Enfin, dans la figure 26, est représentée une nébuleuse ou amas, qui affecte une forme étoilée pentagonale des plus singulières, mais dont la régularité n'est pas contestable.

§ 4. — Les nébuleuses spirales. — Transformation optique
de la nébuleuse des Chiens de chasse : télescopes de sir
J. Herschel et de lord Rosse. — Description des nébuleuses
spirales les plus remarquables. — Nébuleuses spiraloïdes.

Dans toutes les nébuleuses que nous venons
d'examiner, sauf les deux ou trois dernières, la régularité des formes se manifeste par une symétrie
telle, que chaque objet se trouve partagé en deux
parties égales par un axe de figure. Mais il importe
d'insister sur ce point, que la régularité disparaît
souvent, quand un grossissement supérieur des instruments d'optique vient à montrer avec plus de
netteté les diverses parties de la nébuleuse. On est
tout étonné de voir alors celle-ci se transformer pour
l'œil de la façon la plus complète. Nulle part ce
changement de forme, qui n'a, on le comprend, rien
de réel, ne s'est manifesté d'une manière aussi brillante que dans la nébuleuse des Chiens de chasse.
Qu'on jette les yeux sur la figure suivante (fig. 27).

On y verra, au centre d'un anneau dédoublé sur
la moitié de son contour, une nébuleuse globulaire
très brillante, accompagnée d'une petite nébulosité
de forme ronde située en dehors de l'anneau et à
une certaine distance. C'est sous cette forme, qu'elle
a été vue en premier lieu et dessinée par J. Herschel [1].

1. Elle est décrite sous le n° 51, dans le catalogue de Messier, comme « une nébuleuse sans étoiles » qu'on ne peut
voir que difficilement avec une lunette ordinaire de 3 pieds
et demi. « Elle est double, dit-il, ayant chacune un centre
brillant, éloigné l'un de l'autre de 4' 35". Les deux atmosphères se touchent. » Comme le remarque sir J. Herschel,
l'anneau nébuleux avait échappé à Messier.

Plus tard, observée à l'aide du magnifique télescope de lord Rosse, la même nébuleuse s'est
présentée sous une forme d'une étrangeté merveil-
leuse (fig. 28; voyez le frontispice). Des spires brillantes, inégalement lumineuses et parsemées d'une
multitude d'étoiles, partent du centre de la nébulosité, s'enveloppent les unes les autres en divergeant

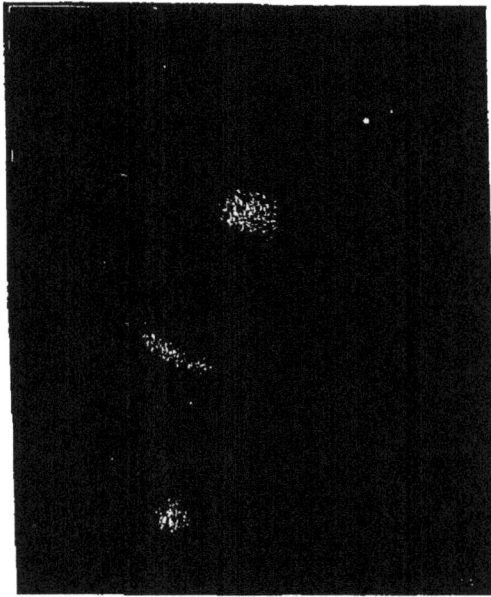

Fig. 27. — Nébuleuse des Chiens de chasse, d'après sir J. Herschel.

de plus en plus, et finissent par se perdre dans une
direction commune. Les filaments extérieurs de cette
prodigieuse spirale d'étoiles vont rejoindre la petite
nébuleuse globulaire extérieure, qui d'abord paraissait isolée de l'anneau.

Enfin, d'après les observations plus récentes de
J. Chacornac (*Comptes rendus* de 1862), cette der-

nière nébuleuse elle-même affecte la forme d'une spirale, dont les contours se rattachent avec les spires de la nébuleuse principale [1].

L'imagination reste confondue en présence d'un spectacle aussi grandiose. Dans l'hypothèse d'une résolubilité complète de la nébuleuse, l'esprit se perd à dénombrer les myriades de soleils, dont les lumières individuelles agglomérées produisent ces franges nébuleuses, d'intensités si diverses. A calculer les dimensions totales de l'immense système, par les distances probables des atomes de cette poussière de mondes, on reste effrayé de la profondeur des abîmes célestes où le regard humain est parvenu à plonger. Quelles forces singulières ont pu produire de semblables tourbillons de soleils [2]? La

[1]. Cet astronome nous en a montré, à l'époque de cette observation, un dessin qui, malheureusement, n'a point été publié.

[2]. On doit à l'un de nos jeunes et savants compatriotes, M. Gaston Planté, une série de belles expériences, où il cherche à mettre en évidence l'analogie de certains phénomènes, d'origine électro-magnétique, avec quelques phénomènes météorologiques ou cosmiques. Par exemple, il a pu reproduire toutes les apparences qu'offrent les taches solaires, leurs noyaux et pénombres, les stries dont ces pénombres sont sillonnées. C'est ici le cas de signaler celle de ces expériences « dans laquelle un nuage de matière métallique, arraché à une électrode par le feu électrique, prend, au sein d'un liquide, un mouvement gyratoire *en spirale*, sous l'influence d'un aimant. Il suffit de jeter les yeux, ajoute-t-il, sur les figures qui représentent cette expérience pour y reconnaître la forme exacte des nébuleuses spirales décrites par lord Rosse.... En présence d'une analogie aussi frappante, n'est-on pas autorisé à penser que le noyau de ces nébuleuses peut être constitué par un véritable foyer d'électricité; que leur forme en spirale doit être probablement déterminée par la présence de corps célestes fortement magnétiques placés dans le voisinage. » (*Comptes rendus de l'Académie des sciences*, 1875.)

forme spirale était-elle. à l'origine, celle des masses
gazeuses dont la condensation a donné naissance à
chacun des individus de cette association gigantes-

Fig. 29. — Nébuleuse spirale de la Vierge, d'après lord Rosse.

que ; ou bien est-ce à la longue, par le mouvement
progressif des étoiles composantes, que peu à peu
un tel arrangement s'est manifesté? Ce sont là autant de questions que l'esprit se pose, mais dont la
solution demandera peut-être bien des siècles. Arri-

Fig. 30. — Nébuleuse spirale du Triangle (H 131), vue dans le grand télescope de
Parsonstown, d'après un dessin de M. Mitchell.

vera-t-on à reconnaître, dans ces groupes, des variations de forme, distinctes de celles qui ont pour
cause la puissance des divers instruments, la différence de vue des observateurs? En un mot, pourra-
t-on constater les mouvements des parties consti-

Fig. 31. — Nébuleuse spirale de la constellation de Céphée (2084 H),
d'après B. Stoney.

tuantes des nébuleuses? C'est ce que l'avenir dira.

La forme spiraloïde n'est pas particulière à la nébuleuse des Chiens de chasse. On peut voir qu'elle
est tout aussi nettement prononcée dans la nébuleuse
de la Vierge, que représente la figure 29. Les branches lumineuses de cette spirale, au nombre de

quatre, sont nettement séparées par des intervalles
noirs, et en outre divisées par des spires plus som-

Fig. 32. — Nébuleuse spirale de la Grande Ourse (1741 R),
d'après S. Hunter.

bres, qui indiquent des files d'étoiles moins condensées ou des traînées de matière nébuleuse. Toutes
d'ailleurs partent d'un nœud central, où la lumière

beaucoup plus vive indique une concentration prépondérante.

Le nombre des nébuleuses où la forme spiraloïde est plus ou moins accusée, était d'abord assez restreint. Mais, à mesure que le ciel a été exploré par de plus puissants instruments, ce nombre s'est accru. Dans l'important Mémoire publié par lord Rosse, en 1861 [1], nous avons noté quarante nébuleuses nettement spirales, et une trentaine encore où cette forme est soupçonnée. Nous reproduisons ici plusieurs échantillons de ces singuliers objets (fig. 30 à 33) : la première se trouve dans le Triangle ; la seconde dans Céphée ; la troisième est aussi une nébuleuse du ciel boréal située sur les confins de la Grande Ourse et du Bouvier. Le centre est comme une large nébuleuse globulaire, à condensation très marquée, de laquelle partent des branches déliées en forme de spires. En plusieurs points de ces branches, on peut remarquer d'autres centres de condensation. J. Herschel l'avait classée parmi les nébuleuses de forme arrondie, globulaire sans doute, parce que la nébulosité centrale était la seule que son télescope lui eût fait apercevoir. Un certain nombre d'étoiles sont çà et là disséminées sur l'espace qu'elle occupe. La belle nébuleuse du Triangle que représente la figure 30 offre, sur l'une de ses branches, deux nœuds ou condensations : deux autres centres lumineux se voient encore tout près des spires, ayant, comme les premiers, toute l'apparence d'amas globulaires. Dans les deux nébuleuses de la figure 33, qui appartiennent la première

1. *On the construction of specula of six feet aperture; and a selection from the observations of nebulæ made with them.*

au Lion, la seconde à Pégase, la forme spiraloïde est

Fig. 33. — Nébuleuses spirales vues dans le grand télescope de Parsonstown.

moins prononcée. Les spires se rapprochent de la forme elliptique et s'enveloppent les unes les autres.

Fig. 34 et fig. 35. — Nébulouses ovales, avec indices d'enveloppes spiraloïdes, d'après lord Rosse. — 1. De Pégase. — 2. Du Lion.

Une autre nébuleuse de forme elliptique, située dans la constellation du Lion, et que le dessin n° 7

(fig. 55) représente telle que la vit d'abord J. Herschel, est apparue sous la forme suivante (fig. 36)

Fig. 36. — Forme spiraloïde de la nébuleuse annulaire elliptique
du Lion, d'après lord Rosse.

dans le télescope de lord Rosse : le noyau central
est composé d'enveloppes qui affectent une forme
annulaire spirale, et les extrémités de l'ovale sont

rayées de stries lumineuses rangées de chaque côté de l'axe, comme les arêtes dans la colonne vertébrale des poissons.

§ 5. — Nébuleuses de forme rectiligne.

En parlant des nébuleuses elliptiques, nous avons fait remarquer qu'il en est de si allongées, qu'elles diffèrent peu d'une ligne droite. Sir J. Herschel en a observé et dessiné un certain nombre, dont on pourrait faire une classe à part, si le plus souvent l'indice d'une condensation de lumière vers le centre n'était un témoignage de l'analogie de leur nature avec les nébuleuses elliptiques moins allongées. Cependant, dans son ouvrage des *Observations astronomiques faites au cap de Bonne-Espérance*, l'illustre savant décrit une nébuleuse dont la figure est celle d'une traînée tout à fait rectiligne, un peu plus large à l'une des extrémités qu'à l'autre : bien loin d'offrir une condensation de lumière vers le milieu de la nébulosité, c'est l'extrémité la plus étroite qui est la partie la plus brillante. Elle ressemble à la queue rectiligne de certaines comètes, et cette ressemblance est d'autant plus frappante, qu'à peu de distance de l'extrémité la plus étroite se voit une très petite étoile, qui en est comme la tête ou le noyau.

Une autre nébuleuse, formée de deux parties brillantes, séparées par une traînée obscure, a été observée par le même astronome dans le ciel austral. On dirait deux moitiés d'ellipse, ou, si l'on préfère, il semble voir une nébuleuse elliptique à condensation

centrale, coupée en deux. Or, dans l'intervalle obscur, on aperçoit une très faible nébulosité rectiligne dans un sens parallèle au grand diamètre de
l'ellipse.

Qu'il s'agisse là d'amas d'étoiles ou de matière
nébuleuse, il n'en est pas moins étrange de se figurer
par quel jeu des forces cosmiques, de telles formes
ont été produites, et comment l'équilibre s'y maintient. Cette remarque, du reste, peut s'appliquer à
toutes les nébuleuses.

Avant de passer à la description des nébuleuses
proprement dites, rappelons que, sur 5076 objets
compris dans le catalogue général de J. Herschel,
4053 sont rangées dans cette catégorie, ce qui donne
un total de 1023 nébuleuses résolues en étoiles ou
considérées comme susceptibles de résolution par
les astronomes. Nous verrons, plus loin, comment
ces deux espèces de nébuleuses sont répandues dans
les diverses régions du ciel.

CHAPITRE IV

LES NÉBULEUSES IRRÉGULIÈRES

§ 1. — Variation apparente dans la forme des nébuleuses
avec les pouvoirs optiques. — Nébuleuses du Renard et du
Taureau.

Un grand nombre des nébuleuses que nous venons
de décrire, se distinguent par une régularité, une
symétrie de forme qui, jointe à une condensation de
la lumière en un point central, ou le long de courbes
convergentes, indique soit un lien unissant toutes
les étoiles du groupe, si elles sont stellaires, soit, si
elles sont physiquement nébuleuses, une tendance
de la matière qui les compose à se réunir en un ou
plusieurs centres prépondérants d'attraction. Outre
ces agrégations régulières, les espaces célestes contiennent encore de grandes masses nébuleuses qui
affectent les formes les plus diverses, les plus éloignées de toute apparence symétrique. Mais telle est
la variété, telle est la richesse du monde sidéral, qu'on
peut passer des nébuleuses de forme sphérique aux
nébuleuses les plus accidentées et les plus irrégu-

6

lières, par toutes les gradations imaginables. Nous
avons vu déjà plusieurs cas de nébuleuses, régulières
quand elles sont observées dans des lunettes d'une
certaine puissance, et prenant un aspect tout différent
dans des télescopes d'un pouvoir optique supérieur :

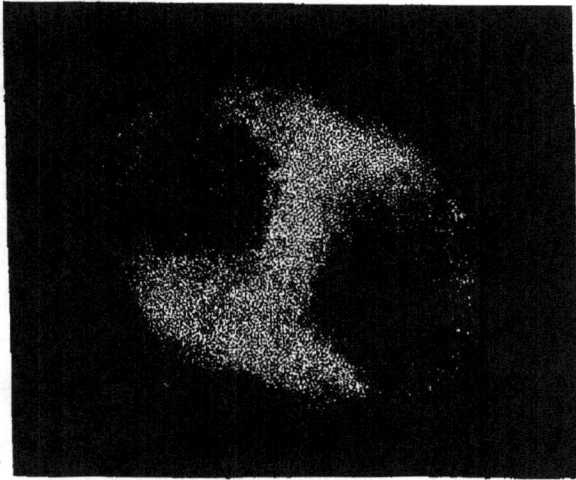

Fig. 37. — Dumb-bell ou nébuleuse de la constellation du Renard,
d'après J. Herschel.

la nébuleuse d'Andromède est un exemple frappant
de telles modifications de forme.

Un autre exemple remarquable de ces transformations optiques, purement apparentes puisqu'elles
ne dépendent que de la puissance des instruments,
nous est fourni par une nébuleuse située dans la constellation boréale du Renard, observée pour la première fois par Messier. J. Herschel, à qui l'on doit le
premier dessin de cette nébuleuse (fig. 37), la com-
parait à un boulet ramé (*like a double headed shot*);
elle est aujourd'hui connue sous le surnom de *Dumb-*

bell, à cause de sa ressemblance avec un instrument de gymnastique (*haltère*) usité en Angleterre, lequel a la forme d'un battant de cloche. Deux masses lumi-

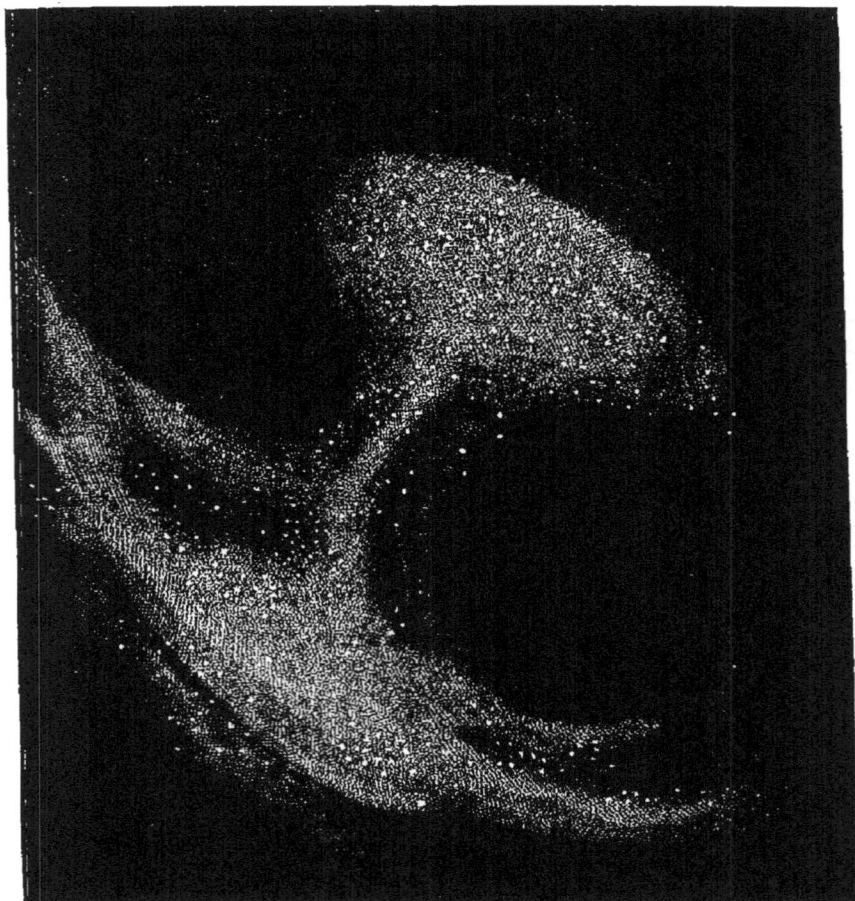

Fig. 38. — La nébuleuse du Renard, vue dans le télescope de lord Rosse.

neuses symétriquement placées et reliées ensemble par un col assez court, le tout entouré d'une légère enveloppe nébuleuse de forme ovale, lui donnaient une apparence de régularité très marquée. Cet aspect se modifia dans le télescope de trois pieds d'ouverture de lord Rosse (fig. 38), et les masses nébuleuses y montrèrent une tendance prononcée à la résolu-

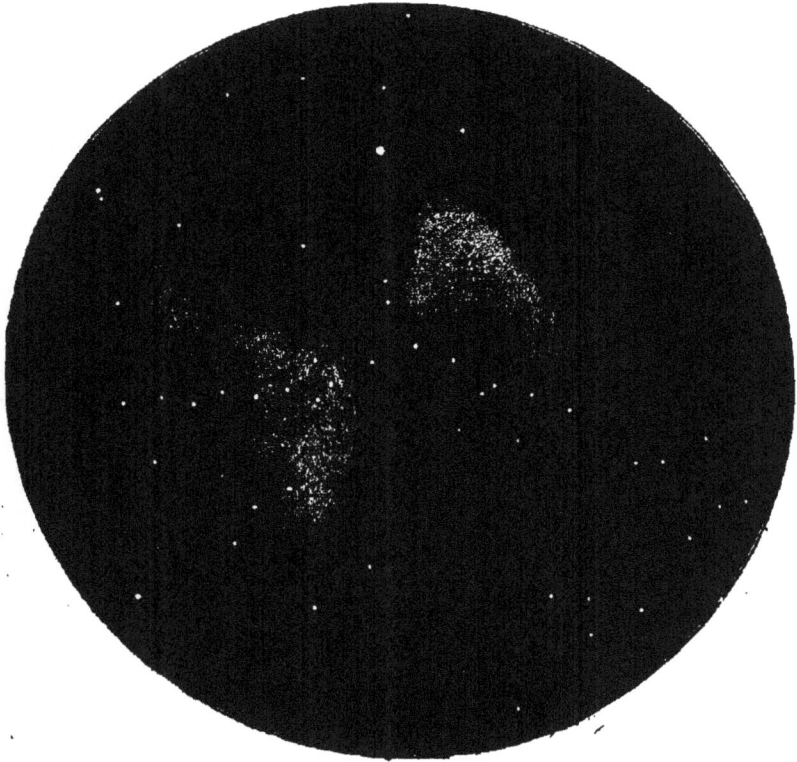

Fig. 39. — La nébuleuse du Renard, d'après un dessin de M. Lassell.

tion stellaire. Plus tard, dans le télescope de six pieds, les étoiles apparurent nombreuses, mais se détachant encore sur un fond nébuleux. L'aspect général reprit sa symétrie primitive, moins régulière, mais néanmoins frappante encore. La figure 39 est la reproduction d'un dessin de la même nébuleuse, que nous devons à l'obligeance de M. Lassell.

Les nébuleuses irrégulières se présentent parfois sous des formes véritablement bizarres. Tantôt, ce sont de longues traînées vaporeuses, qui çà et là détachent leurs rameaux; tantôt ces nuées se contournent et prennent les aspects les plus fantastiques. Telle est la nébuleuse de l'Écu de Sobieski. Une partie elliptique, terminée par deux appendices dont l'un est presque rectiligne, lui donne la forme de la lettre grecque majuscule Oméga (Ω). Au milieu de l'un des coudes (fig. 40), on remarque un nœud de lumière isolé, par une bordure sombre, du reste de la nébuleuse : c'est, d'après J. Herschel, un amas résoluble d'étoiles excessivement petites, et son isolement lui paraît suggérer fortement l'idée, qu'il a dû être formé aux dépens de la matière nébuleuse environnante. Un autre amas plus faible se voit tout à l'extrémité du coude. Un certain nombre de petites étoiles sont disséminées sur la nébuleuse ou dans son voisinage.

Une forme plus bizarre encore, est celle de la nébuleuse du Taureau, la première du catalogue de Messier, qui, dans des instruments même assez puissants, paraît comme un ovale assez régulier : telle elle a été vue et dessinée par sir J. Herschel. Dans le grand télescope de lord Rosse, l'ovale lumineux se prolonge à l'un des sommets et sur les deux côtés par des bandes ou franges lumineuses, de sorte que la nébuleuse a l'aspect d'une gigantesque écrevisse, dont les antennes et les pattes sont figurées par de longues files d'étoiles.

Au milieu de l'un des deux Nuages magellaniques, qui sont l'un des plus beaux ornements du ciel
austral, et que nous décrirons plus loin avec quel-

Fig. 40. — Nébuleuse de l'Écu de Sobieski (M 17). d'après J. Herschel

ques détails, se trouve une nébuleuse dont la forme
complexe peut servir de transition pour passer aux
grandes nébuleuses irrégulières. C'est la nébuleuse
de la Dorade (fig. 42). La partie centrale, composée

de trois masses annulaires brillantes, les deux plus
petites circulaires, la plus grande en forme de poire,
est environnée d'appendices, dont la lueur beaucoup

Fig. 41. — Nébuleuse du Taureau (*Crab Nebula*), d'après lord Rosse.

plus pâle est parsemée d'un grand nombre de petites
étoiles.

Sir J. Herschel considère la nébuleuse de la Dorade

comme un des plus singuliers et des plus extraordinaires objets du ciel, soit pour elle-même, soit à cause
de sa situation au milieu de la partie la plus riche en
nébuleuses et en amas, de la plus grande des Nuées
de Magellan. Là nébuleuse elle-même, dont la forme
est si étrange, lui a semblé tout à fait irrésoluble, et
aucune de ses parties, examinées avec le réflecteur
de 20 pieds, n'a présenté le plus léger indice de
constitution stellaire. Elle est voisine de deux des
plus considérables et des plus riches amas de la
nubécule. Quant aux étoiles qui se projettent sur sa
surface ou sur ses bords, et dont le célèbre astronome a déterminé, au nombre de 53, les positions, il
reste à savoir si elles sont ou non dans la dépendance physique de la nébuleuse. Selon lui, il n'y a
rien dans leur arrangement qui les distingue des
autres étoiles qu'on aperçoit dans toute l'étendue
du *Grand Nuage,* et qui d'ailleurs offrent toutes les
variétés possibles de condensation et de distribution.

La nébuleuse de la Dorade occupe environ la
cinq-centième partie de la surface du *Grand Nuage,*
laquelle couvre elle-même environ 42 degrés carrés.
On peut arriver à la distinguer à l'œil nu.

§ 2. — La nébuleuse d'Orion ; sa découverte par Huygens. —
Description de ses diverses parties. — Est-elle un rameau
détaché de la Voie lactée ?

Les nébuleuses qui nous restent à décrire, se distinguent de toutes celles que nous avons jusqu'ici
passées en revue, par l'irrégularité de leur forme
aussi bien que par la grandeur de leurs dimensions.
Semblables à des nuages tourmentés et déchiquetés

Fig. 42. — Nébuleuse de la Dorade, au milieu de la plus grande des Nuées de Magellan, d'après le dessin de sir J. Herschel.

par la tempête, les masses informes qui les composent, embrassent sur le ciel des espaces supérieurs
à la surface du disque lunaire et atteignant jusqu'à
un degré carré. Un autre caractère commun à ces
grandes nébulosités irrégulières, c'est leur situation
dans la Voie lactée, ou à peu de distance des bords
de la zone, dont on pourrait croire que ce sont des
rameaux.

Décrivons les deux nébuleuses de ce genre les

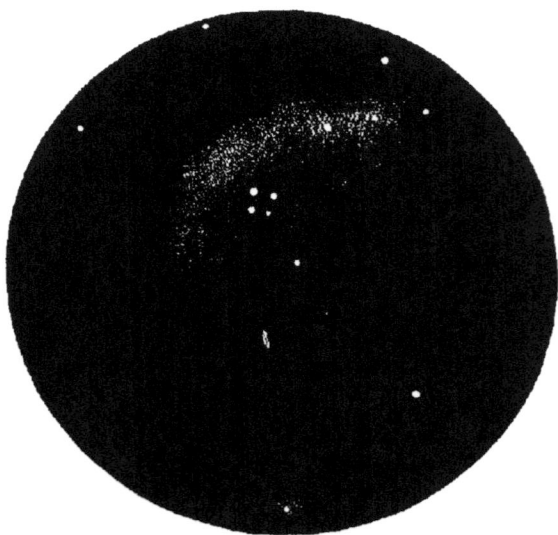

Fig. 43. — Nébuleuse d'Orion, d'après le dessin de Mairan. 1750.

plus intéressantes. Elles appartiennent toutes deux à
l'hémisphère austral, l'une à la constellation d'Orion,
l'autre à celle du Navire; mais la première est peu
distante de l'Équateur, et sa situation en a rendu
l'étude facile aux astronomes des observatoires d'Europe et d'Amérique [1]. Elle occupe en effet, à peu de

1. Les étoiles du grand quadrilatère d'Orion passent au
méridien vers minuit, du 10 au 20 décembre, à une hauteur

chose près, le milieu du grand quadrilatère dont Rigel et Betelgeuse forment deux angles opposés, et elle entoure la belle étoile sextuple θ, dont il a été question dans le chapitre des ÉTOILES consacré aux étoiles multiples.

La nébuleuse de l'Épée d'Orion, découverte par Huygens en 1656 (on prétend que Cysatus la vit dès 1619), a été, depuis deux siècles, l'objet de l'étude approfondie des astronomes; mais, jusqu'au milieu du siècle dernier, l'imperfection des télescopes n'avait permis d'en découvrir qu'une assez faible partie, la plus brillante, la plus condensée, à laquelle on a donné depuis le nom de *région d'Huygens*. Les figures 2 et 43, qui sont des *fac-simile* des dessins donnés, l'un par Huygens, l'autre, près d'un siècle plus tard, par Mairan, indiquent assez, si on les compare avec le dessin contemporain de Bond (fig. 45), quelle faible idée l'on pouvait se faire alors de la grande nébuleuse. Le dessin de Messier (1771, fig. 44) est déjà plus complet. La région d'Huygens y est représentée avec plus d'exactitude dans sa forme et dans son éclat. En outre, d'autres masses nébuleuses, de nuances plus faibles, en accroissent l'étendue du côté occidental; un rameau se prolonge vers la partie australe, et les étoiles y sont plus nombreuses. Huygens ne marquait que 12 étoiles, dont 6 seulement se projettent sur la nébulosité; Mairan en ajouta une treizième, la quatrième des composantes de θ, qu'Huygens n'avait pas indiquée et sans doute pas vue, et dont on attribue la décou-

moyenne de 40⁰ pour la latitude de Paris. De la fin de septembre à mars, on peut donc les observer dans la même position, soit après, soit avant minuit.

verte à D. Cassini [1]. Dans le dessin de Messier, parmi les 31 étoiles figurées, 22 appartiennent à la nébuleuse, dont l'étendue, dix fois plus grande

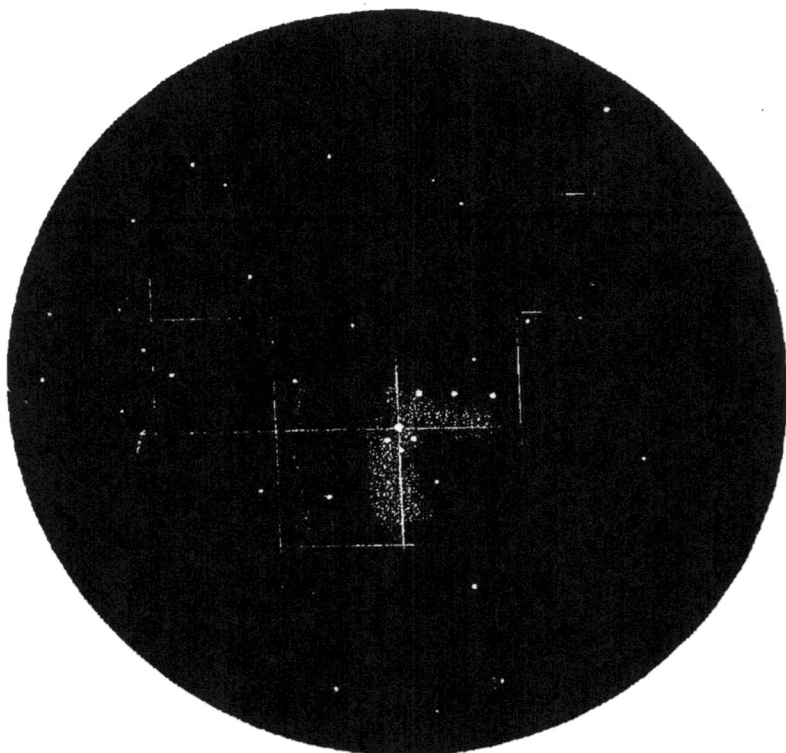

Fig. 44. — Nébuleuse d'Orion, d'après un dessin de Messier fait en 1771.

environ que celle d'Huygens et de Mairan, mesure près d'un douzième de degré carré.

Les observations modernes, faites à l'aide d'instruments plus puissants, avec infiniment plus de soin,

1. Trois autres étoiles, nous l'avons vu, ont été découvertes depuis et ont fait de θ un système septuple. La cinquième, de treizième grandeur, a été vue pour la première fois par Struve en 1826 ; la sixième, de quatorzième grandeur, par J. Herschel en 1832, et la septième. intérieure au trapèze, est due à Las-

de rigueur, de persévérance, ont montré toute la richesse de ce groupe à la fois nébuleux et stellaire, et fourni les éléments de comparaisons du plus haut intérêt. Lamont, sir J. Herschel, Liapounow et O. Struve, puis les deux Bond ont accompagné leurs mémoires de cartes et de dessins, où l'on peut à loisir étudier l'étrange structure de ce magnifique objet. La figure 45 est une reproduction réduite du dessin fait à Harvard College par G. P. Bond, d'après ses propres observations et les observations antérieures de W. C. Bond.

La partie la plus brillante de la nébuleuse, ou la région centrale d'Huygens, mérite, à divers titres, de fixer l'attention. Des contours nettement accusés, presque rectilignes sur deux de ses faces, la circonscrivent de toutes parts, et en font un polygone rempli de masses globulaires, que divers astronomes s'accordent à considérer comme de véritables amas d'étoiles : Bond, Liapounow, J. Herschel s'accordent sur ce point, tandis qu'ils considèrent les autres régions de la nébuleuse comme n'offrant aucun indice de résolution. « Par sa forme, dit J. Herschel, la partie la plus brillante offre de la ressemblance avec la tête et la gueule béante d'un monstre, avec une sorte de trompe qui part du nez. » Les étoiles du trapèze, situées à l'intérieur de cette région, et se projetant sur un espace plus sombre [1], complètent la ressemblance en figurant

sell. De Vico, en 1839, et M. Porro, en 1857, affirmaient avoir vu d'autres très petites étoiles à l'intérieur du trapèze, mais les observations ultérieures n'en ont pas confirmé l'existence.

1. J. Herschel fait observer qu'à l'intérieur du trapèze, il n'y a pas de nébulosité, « *no nebula exists.* » C'est aussi l'opinion de Liapounow. Dans le dessin de Bond, les six étoiles se projettent sur une faible nébulosité.

Fig. 45. — La grande nébuleuse de Thêta d'Orion, d'après les observations
et les dessins de G. P. Bond.

l'œil du monstre. « L'aspect général de la portion la moins lumineuse, ajoute-t-il, est simplement
nébuleux et irrésoluble, mais la région la plus brillante immédiatement contiguë au trapèze, et formant le front quadrangulaire de la tête, paraît dans
le réflecteur de 45 centimètres (18 inches) divisée
en masses dont la lumière pommelée et compacte,
de structure granulaire, prouve qu'elles sont composées d'étoiles. Examinées avec le réflecteur de
lord Rosse, ou à l'aide de la grande lunette achro-
matique de Cambridge, ces masses se montrent
évidemment constituées par autant d'amas stellaires. »

De l'extrémité de la trompe, on voit s'échapper
vers l'orient une longue et étroite nébulosité qui se
recourbe ensuite en plusieurs branches du côté du
sud; et d'autres branches analogues divergent également du côté boréal et du côté occidental. Bond
trouve dans ces rameaux nébuleux l'indice d'une
structure spiraloïde; mais, si cette analogie existe
entre les nébuleuses spirales et la nébuleuse d'Orion,
il est bon de remarquer que les spires s'enroulent
ici en deux sens opposés.

Selon J. Herschel, la grande nébuleuse d'Orion
occupe sur le ciel un espace dont les dimensions
apparentes ont la même étendue que le disque lunaire. Il semble porté à croire qu'elle se rattache à
la Voie lactée, qu'elle est peut-être le prolongement
du rameau qui part de Persée, en se dirigeant vers
les Pléiades et Aldébaran. Le dessin de la Voie
lactée boréale, résultat des longues et minutieuses
observations de M. Heis, semble témoigner du lien
de la nébuleuse avec la Voie lactée; mais on y peut

7

voir que c'est un rameau spécial de cette zone qui
enveloppe presque tout Orion, et non la branche
qui se détache de Persée. En tout cas, qu'elle soit
ou non dans la dépendance physique de la grande
zone, cette remarquable nébuleuse n'en est pas
moins un objet tout à fait spécial, non seulement
en raison de sa structure physique, mais encore
au point de vue de sa constitution chimique; ses
masses non résolubles, nous le verrons bientôt, sont
formées par un gaz incandescent.

§ 3. — La nébuleuse d'Hêta du Navire.

La nébuleuse qui enveloppe η du Navire (fig. 44)
ne présente, comme celle d'Orion, aucune symétrie
dans sa forme ni dans ses contours; mais elle s'en
distingue en ce que, jusqu'à présent, aucune de ses
parties n'a donné d'indice de résolution en étoiles.
« Vue dans un réflecteur de 45 centimètres d'ouverture, dit sir J. Herschel, cet étrange objet ne donne
en aucune de ses parties de signe de résolubilité; la
partie la plus condensée adjacente au singulier vide
de forme ovale qu'on voit au milieu de la figure, n'a
pas cette apparence compacte, cette tendance à se
diviser en nœuds brillants séparés par des intervalles obscurs, qui caractérise la nébuleuse d'Orion
et indique sa résolubilité. » La nébuleuse d'η du
Navire ne mesure pas moins d'un degré carré; elle
est située dans la Voie lactée même, au sein d'une
région si riche en étoiles, que J. Herschel en a
compté plus de douze cents sur la surface occupée
par la nébuleuse. Les étoiles, d'ailleurs, ne semblent

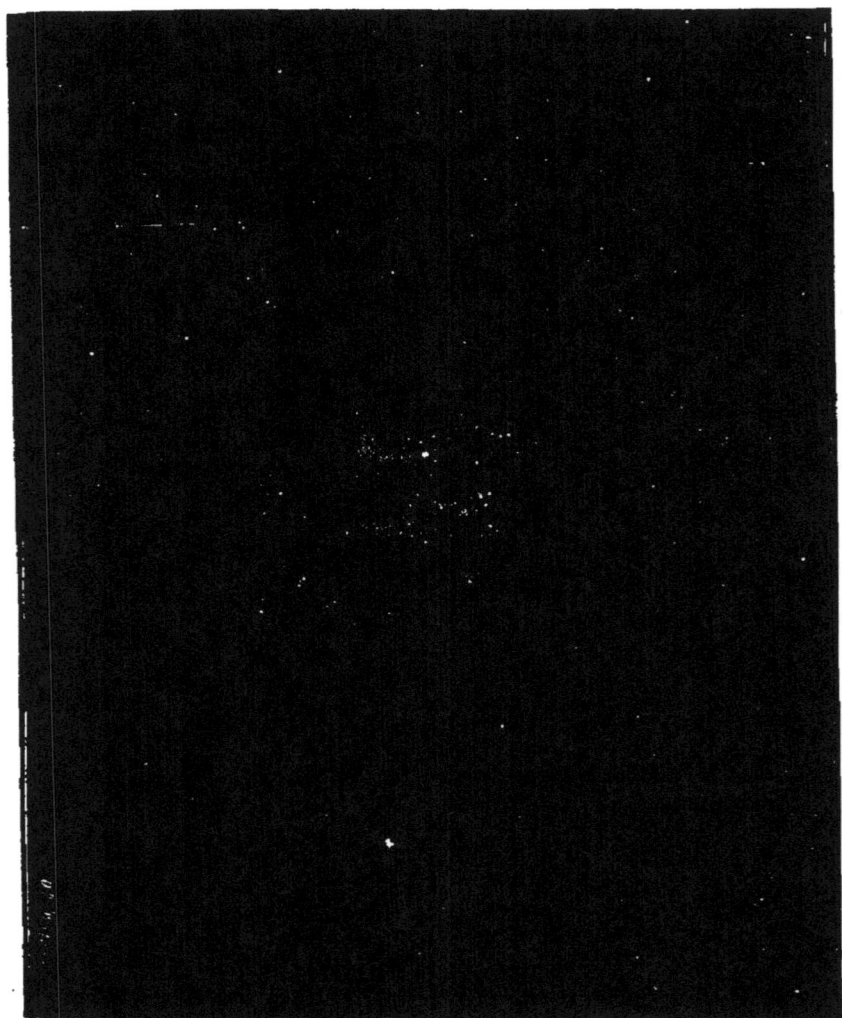

Fig. 46. — Nébuleuse entourant l'Étoile Hêta du Navire.

pas faire partie de la nébulosité, sur le fond brillant
de laquelle il est plus probable qu'elles se projettent
simplement. Vers le centre de la nébuleuse, et tout
près de l'étoile η, on remarque un vide de forme
allongée et arrondie, à peu près semblable à celui
qu'on voit au milieu de la nébuleuse de la Dorade,
décrite plus haut : c'est une sorte de 8, qui laisse
apercevoir le fond noir du ciel.

Nous reviendrons dans un chapitre prochain sur
les deux grandes nébuleuses d'Orion et du Navire ;
nous compléterons ce qu'on sait de leur constitution
physique et des variations qu'on a constatées dans
leur forme ou dans l'intensité de leur lumière.

CHAPITRE V

LES GROUPES DE NÉBULEUSES

─────────

§ 1. — Nébuleuses doubles et multiples. — Probabilité de la connexion physique des composantes. — Les étoiles doubles n'ont-elles pas pour origine des nébuleuses doubles?

Nous avons vu plus haut les nébuleuses accompagnées de systèmes d'étoiles simples, doubles ou multiples, étoiles placées d'une manière tellement symétrique au sein de la nébulosité, qu'il semble impossible de douter de l'existence d'une connexion réelle entre les étoiles et les nébuleuses. Évidemment, ce sont là des groupes physiques d'une constitution toute spéciale. Souvent même, les étoiles qui accompagnent les nébuleuses, sans occuper une position particulière au sein des nébulosités, sont placées à l'extérieur comme de véritables satellites. Il est possible, en effet, selon la remarque de sir J. Herschel, que les énormes masses qui composent les amas, stellaires ou autres, aient une force attractive suffisante pour retenir ces petits corps en leur faisant décrire d'immenses orbites dans des pério-·des très longues.

Il existe aussi des groupes de nébuleuses analogues aux groupes d'étoiles, c'est-à-dire formées
de parties qui ont l'apparence d'une nébuleuse com-

Fig. 47. — Nébuleuses doubles d'après J. Herschel. — 1. De la Vierge (M 61, 1202 H). — 2. Des Chiens de chasse (1146 H). — 3. Du Verseau (2197 H). — 4. De la Vierge (1358 H). — 5. Des Chiens de chasse (1397 H). — 6. Du Grand-Nuage (2859 H).

plète, et dont les composantes très rapprochées sont
liées, sans aucun doute, autrement que par le hasard
de la perspective. On retrouve, dans ces intéressantes
associations, les mêmes variétés d'aspect et de forme

que dans les nébuleuses simples. Les unes paraissent formées de deux amas globulaires, dans lesquels
la condensation centrale indique non seulement une
figure sphérique, mais probablement aussi l'existence de véritables centres d'attraction; on en peut
voir des exemples dans la figure 47. Tantôt les
composantes paraissent entièrement séparées et distinctes, tantôt elles semblent empiéter l'une sur
l'autre, soit qu'il n'y ait là qu'une apparence optique, soit que la pénétration ait une réalité physique.
En un mot, comme le dit fort bien J. Herschel,
« toutes les variétés des étoiles doubles, distances,
positions, éclat relatif, ont leur contre-partie dans
les nébuleuses doubles. »

Quelquefois, l'une des composantes est ronde ou
globulaire, tandis que l'autre affecte une forme
elliptique allongée. La nébuleuse représentée dans
la figure 48, se compose de deux masses arrondies,
terminées par des appendices rayonnants et reliés
par une nébulosité commune : le tout enveloppé de
légers arcs lumineux semblables à des fragments
d'un anneau nébuleux.

Peut-être, parmi les nébuleuses doubles, en est-il
dont les composantes soient deux étoiles nébuleuses
uniques. Si l'on admet que chaque étoile, comme
notre Soleil, s'est formée par la condensation d'une
nébuleuse, les nébuleuses doubles dont nous parlons seraient les futures composantes d'un système
d'étoiles doubles, non encore ramenées à leur état
définitif de condensation.

Le nombre des centres est souvent plus considérable; il s'élève jusqu'à sept dans les nébuleuses
multiples observées par J. Herschel, et dont nous

reproduisons un curieux échantillon (fig. 47, 6). Le groupe dont il s'agit est un des nombreux amas qui forment la plus grande des deux Nuées de Magellan. On pourrait déduire de cette circonstance, que le voisinage de ces sept nébuleuses est une apparence purement optique, si la nébulosité générale qui les enveloppe toutes n'indiquait une réelle dépendance. Voici les raisons que donne sir J. Herschel à l'appui de cette connexion physique des nébuleuses doubles : « L'argument tiré de la rareté comparative des objets en proportion de l'étendue entière du ciel, si fort dans le cas des étoiles doubles, l'est infiniment plus dans celui des nébuleuses doubles. Des nébuleuses, par exemple, aussi grandes et aussi faibles, et aussi peu condensées vers le centre que celle de la nébuleuse double de la Chevelure de Bérénice (2152 H), sont extrêmement rares, même séparées, de sorte que la probabilité que deux nébuleuses pareilles soient réunies par le hasard, si voisines l'une de l'autre qu'elles mêlent leurs nébulosités, est extrêmement petite. Aussi sera-ce un sujet des plus intéressants des recherches futures, que de savoir si quelques traces de mouvement de révolution (indiqué par un changement progressif dans les angles de position rapportés au méridien) peuvent être découvertes dans ces associations de nébuleuses ». (*Observations of nebulæ and Clusters of Stars.*) Nous citerons précisément plus loin un exemple de déplacement relatif dans les composantes d'une nébuleuse double.

Du reste, la connexion des composantes dans les nébuleuses multiples, si on les considère comme des amas stellaires tout formés, ne sera, sans doute,

jamais démontrée avec l'évidence qui caractérise
les systèmes des étoiles doubles. Dans ces derniers
systèmes, en effet, on a pu étudier les mouvements de révolution de l'un des soleils autour de
l'autre, parce que la distance où nous en sommes,
quelque grande qu'elle soit, rend ces mouvements
observables en un certain nombre d'années. Au
contraire, les nébuleuses multiples de ce genre
doivent être reléguées à de telles profondeurs dans

Fig. 48. — Nébuleuse double, d'après lord Rosse.

l'étendue indéfinie des abîmes du ciel — ainsi
que le montre leur aspect nébuleux lui-même —
qu'il n'y a pas lieu de s'étonner, si tout mouvement d'une des parties est resté jusqu'ici insensible. Des milliers d'années, de siècles peut-être,
seraient nécessaires pour que nous pussions être
témoins des changements de position de l'ensemble.
Nos télescopes auront beau multiplier leur puissance, la vue perfectionnée pénétrer plus intime·
ment dans la structure de l'Univers, nous ne pourrons devancer le temps. Dans la vie des mondes, la

durée de notre vie n'est qu'une seconde, 'comme
notre système tout entier n'est lui-même qu'un
point au sein de l'espace infini.

§ 2. — Les Nuées de Magellan. — Elles étaient inconnues
des Anciens. — Examen télescopique et structure des
deux nébuleuses.

Lorsqu'on jette les yeux sur les régions de la
voûte céleste qui environnent le pôle austral, on ne
peut s'empêcher d'être frappé du contraste que
présente leur pauvreté stellaire avec la zone éclatante qui longe la Voie lactée, d'Orion et du Navire
au Centaure, en passant par la Croix du Sud. Une
seule étoile de première grandeur, Achernar, d'ailleurs plus éloignée du pôle que les belles étoiles du
Centaure et de la Croix, brille dans cette partie du
ciel. Mais cette circonstance même rend plus saisis-
sant encore l'aspect singulier de ces deux taches
nébuleuses, qui semblent deux morceaux détachés
de la grande zone galactique. Ces deux nébuleuses,
inégales en grandeur et en éclat, mais faciles à voir
à l'œil nu par une nuit pure et sans lune, sont
situées, l'une, la plus grande et la plus brillante,
entre le pôle et Canopus, dans la constellation de la
Dorade; l'autre, la plus petite et la moins éclatante,
ordinairement invisible pendant les pleines lunes,
dans l'Hydre mâle, entre Achernar et le pôle Toutes
deux sont connues des astronomes et des naviga-
teurs sous les noms de *Nuages du Cap*, ou encore
de *Nuées de Magellan*. Les anciens n'avaient observé
que rarement et imparfaitement le ciel austral. Les
Nuées de Magellan n'étaient connues que des navi-

gateurs qui s'aventuraient au delà de la mer Rouge
sur les côtes occidentales d'Afrique et dans les
mers de l'Inde. Et en effet, alors comme aujour-
d'hui, ce n'est qu'au sud des latitudes nord de 17°
ou de 18°, que la plus grande de ces deux nébulosités arrivait à dépasser l'horizon. D'après Humboldt, il y a identité entre le Grand Nuage et la
tache blanche qu'un écrivain persan, Abdurrahman
Suphi, nomma le Bœuf Blanc. A la Renaissance, à
l'époque des premières circumnavigations autour
du continent africain, puis du globe entier, les richesses du ciel austral apparurent dans toute leur
splendeur aux marins qui, pour la première fois,
contemplaient le second pôle et n'y voyaient avec
surprise aucune étoile brillante rappelant notre Polaire : les deux grandes nébuleuses isolées qui frap-
pent la vue au milieu de ces régions relativement
pauvres, devaient attirer surtout leurs regards. Leur
isolement même, leur éclat, leur circulation diurne
autour du pôle sud, étaient autant de circonstances
qui les signalaient aux voyageurs contemplant pour
la première fois des cieux inconnus.

Voici comment Humboldt décrit l'aspect de ces
deux nébulosités dans son *Cosmos* : « C'est, dit-il,
un objet unique dans le monde des phénomènes
célestes, et qui ajoute encore au charme pittoresque
de l'hémisphère austral, je dirais presque à la grâce
du paysage... » Elles produisent à l'œil nu, et au
premier abord, la même impression que produi-
raient deux portions détachées, et d'égale grandeur,
de la Voie lactée. Par un beau clair de lune, le
Petit-Nuage disparaît entièrement, l'autre perd seulement une partie considérable de son éclat. Comme

on vient de voir, on dit, pour les distinguer : le
Grand-Nuage (*Nubecula major*) et le Petit-Nuage
(*Nubecula minor*). On peut se faire une idée, par
l'examen des figures 49 et 50, de la forme générale
de ces deux nébuleuses vues à l'œil nu.

Les Nuées de Magellan se distinguent de toutes

Fig. 49. — Nuées de Magellan. Le Petit-Nuage (*Nubecula minor*),
d'après J. Herschel.

les nébuleuses que nous avons décrites jusqu'à
présent, et par leurs grandes dimensions apparentes, et par leur composition intérieure. Ce dernier
caractère les différencie pareillement de la plupart
des branches et des rameaux de la Voie lactée,
avec laquelle d'ailleurs elles ne semblent reliées par
aucun appendice de nébulosité. Le Grand-Nuage

s'étend sur un espace qui n'embrasse pas moins de
42 degrés carrés; c'est deux cents fois environ la
surface apparente du disque lunaire. Le Petit-Nuage
occupe une étendue quatre fois moins grande que
l'autre; selon Humboldt, il est environné « d'une
sorte de désert » où brille, il est vrai, le magnifique
amas stellaire du Toucan, dont il a été parlé plus haut.

Si l'aspect extérieur de ces deux remarquables
nébuleuses et leur situation dans une région céleste
pauvre en étoiles, donnent au ciel austral une phy-
sionomie toute particulière, leur structure intime en
fait véritablement une des merveilles du ciel. Explo-
rées à l'aide d'un puissant télescope par J. Herschel, pendant le séjour de cet illustre observateur
au cap de Bonne-Espérance, elles se sont l'une et
l'autre décomposées en objets multiples dont la
figure 51, qui représente une portion (le 20ᵉ environ) du Grand-Nuage, peut donner une idée.

On y voit d'abord un grand nombre d'étoiles
isolées, dont l'éclat varie entre la 5ᵉ et la 11ᵉ grandeur. Puis des amas stellaires, les uns de forme
irrégulière, les autres — et c'est le plus grand nombre — affectant une forme globulaire, sphérique ou
ovale. Enfin, des nébuleuses, les unes isolées, les
autres groupées par deux, par trois, etc., la plupart
arrondies et régulières. L'une d'elles, connue sous
le nom de nébuleuse de la Dorade, déjà décrite plus
haut et représentée dans la figure 42, appartient
au Grand-Nuage. « Cette nébuleuse (Humboldt,
Cosmos) occupe à peine la cinq-centième partie de
l'aire du nuage, et déjà sir J. Herschel a déterminé
dans cet espace la position de 105 étoiles de 14ᵉ,
de 15ᵉ et de 16ᵉ grandeur, projetées sur un fond

nébuleux dont rien n'altère l'éclat uniforme et qui
a résisté aux plus puissants télescopes. » Les nébuleuses doubles et multiples y sont aussi beaucoup
plus nombreuses que dans les zones du ciel les plus
riches en objets de cette nature. Ainsi, je le répète,
la constitution de ces singulières nébulosités paraît
notablement différente de celle de la Voie lactée,
dont elles se trouvent d'ailleurs assez éloignées et

Fig. 50. — Les Nuées de Magellan. — Le Grand-Nuage (*Nubecula major*), d'après J. Herschel.

à laquelle, ainsi que le constate expressément Humboldt, elles ne se rattachent par aucune nébulosité
perceptible [1]. D'ailleurs elles semblent elles-mêmes

1. Telle n'était pas l'opinion des astronomes des deux derniers siècles. D. Gregory dit dans son *Traité d'astronomie :*

Fig. 51. — Les Nuées de Magellan. — Structure d'une portion du Grand-
Nuage, d'après J. Herschel.

« Il y a aussi *deux appendices de la Voie lactée*, deux nubé-
cules, situées dans le voisinage du pôle austral, invisibles en
Europe, que les marins nomment *Nuées de Magellan*. Elles
reproduisent exactement (selon Halley) la blancheur de la
Voie lactée, et, vues au télescope, elles montrent de petites
nébuleuses et de petites étoiles. »

8

complètement indépendantes. Enfin elles se distinguent aussi des autres nébuleuses connues et semblent comme des miniatures du ciel entier.

Un mot maintenant de la structure de chacune des deux nuées. Dans le Grand Nuage, Herschel a compté 582 étoiles isolées, parmi lesquelles une seule est de cinquième grandeur; six autres sont de l'ordre immédiatement inférieur, et seraient sans doute visibles à l'œil nu, si leur lumière n'était effacée par la lueur générale. Puis viennent 284 nébuleuses et 66 amas d'étoiles, formant autant de groupes distincts.

Dans le Petit-Nuage, les étoiles isolées sont proportionnellement plus nombreuses, puisqu'on en compte 200, parmi lesquelles 3 sont de sixième grandeur, tandis qu'il renferme seulement 32 nébuleuses et 6 amas stellaires.

Ces immenses agrégations, dont les éléments sont eux-mêmes en grande partie des fourmilières de soleils, nous amènent à la plus grande, en apparence du moins, de toutes les nébuleuses que l'œil contemple dans les profondeurs du ciel, à la Voie lactée.

§ 3. — La Voie lactée. — Aspect général et cours
de la Voie lactée.

A l'exception des Nuées de Magellan et de quelques rares amas stellaires, la très grande majorité des nébuleuses que nous avons jusqu'ici passées en revue sont invisibles à l'œil nu. L'extrême petitesse de leurs dimensions apparentes contribue à ce résul-

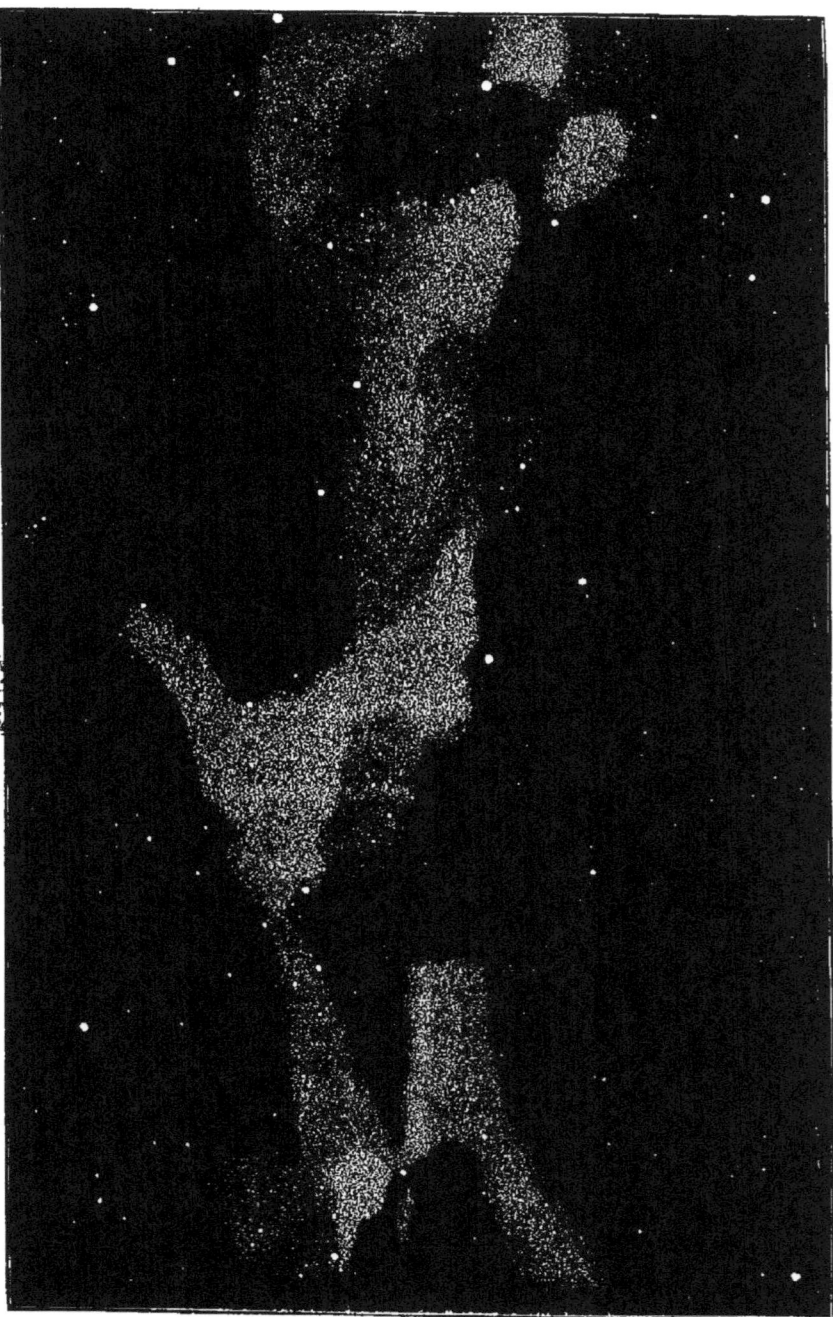

Pollux, Castor.

La Chèvre.

Girafe

Petite-Ourse.

Orion.

Taureau.
Hyades.

Pléiades.
Fig. 52. — Voie lactée boréale.

Persée.

Cassiopée.

tat, au moins autant que les distances prodigieuses
où elles se trouvent sans doute du monde solaire,
distances qui affaiblissent si considérablement l'éclat
des étoiles composantes, ou la lumière des nébulosités diffuses dont elles sont formées.

Il n'en est pas ainsi de la Voie lactée. La lumière
de cette immense zone est assez éclatante; son
étendue, qui embrasse en longueur une circonférence entière de la voûte étoilée, et sa largeur sont
assez considérables, pour qu'on la distingue au premier coup d'œil, toutes les fois que le mouvement
apparent du ciel l'amène au-dessus de l'horizon. Cette
dernière circonstance se présente, d'ailleurs, toutes
les nuits de l'année, et sous toutes les latitudes;
mais la Voie lactée se voit d'autant mieux qu'elle
s'élève à une plus grande hauteur, et il est bien
évident qu'il faut, pour la voir ainsi, choisir certaines
époques de l'année ou certaines heures de la nuit.

L'apparence générale de la Voie lactée est celle
d'une longue traînée nébuleuse, qui suit à très peu
près la circonférence d'un grand cercle de la voûte
céleste. De prime abord, on remarque qu'elle se
divise en deux branches principales sur près de la
moitié de sa longueur entière. Sa largeur est très
variable : tantôt elle se resserre au point de ne plus
occuper que six à huit fois le diamètre lunaire;
tantôt elle se répand sur une étendue quatre fois
plus grande [1].

1. Les six planches en couleur de notre ouvrage LE CIEL, où

Avant de dire ce qu'on sait de la composition et de la structure de cette immense nébuleuse, attachons-nous à la décrire dans son ensemble, en signalant les principales constellations qu'elle traverse dans l'un et l'autre hémisphères. Nous nous aiderons pour cela des trois figures 52, 53 et 54, qui la montrent telle qu'on la voit quand le ciel est très pur, avec les variations de forme et d'éclat que présentent ses ramifications diverses.

La moitié boréale de la Voie lactée s'étend depuis l'Aigle et le Serpent jusqu'à la Licorne, à la hauteur et dans le voisinage du Baudrier d'Orion. Divisée en deux branches de l'équateur jusqu'au Cygne, elle longe Ataïr, la plus brillante étoile de l'Aigle, et traverse, outre les premières constellations citées, la Flèche et le Renard. Près du Cygne, on aperçoit une place obscure, une sorte de trouée à travers laquelle le regard plonge dans les régions lointaines du ciel, par delà les limites de la zone. Un rameau se dirige vers la Petite-Ourse, dans Céphée, et c'est en cet endroit qu'elle approche le plus du pôle nord de la voûte céleste. Elle s'en éloigne ensuite, sous la forme d'une branche unique et étroite qui traverse Cassiopée, passe dans le Cocher, tout près de la Chèvre, longe la partie orientale des Gémeaux et du Petit-Chien et la partie septentrionale d'Orion. Avant d'arriver en ce point, on aperçoit un rameau qui part de Persée et s'avance jusqu'auprès des Pléiades, où il se perd. C'est dans l'Aigle et dans le Cygne, que la zone lactée boréale présente le plus d'intensité ; dans Persée et près de la Licorne, qu'elle est la moins lumineuse.

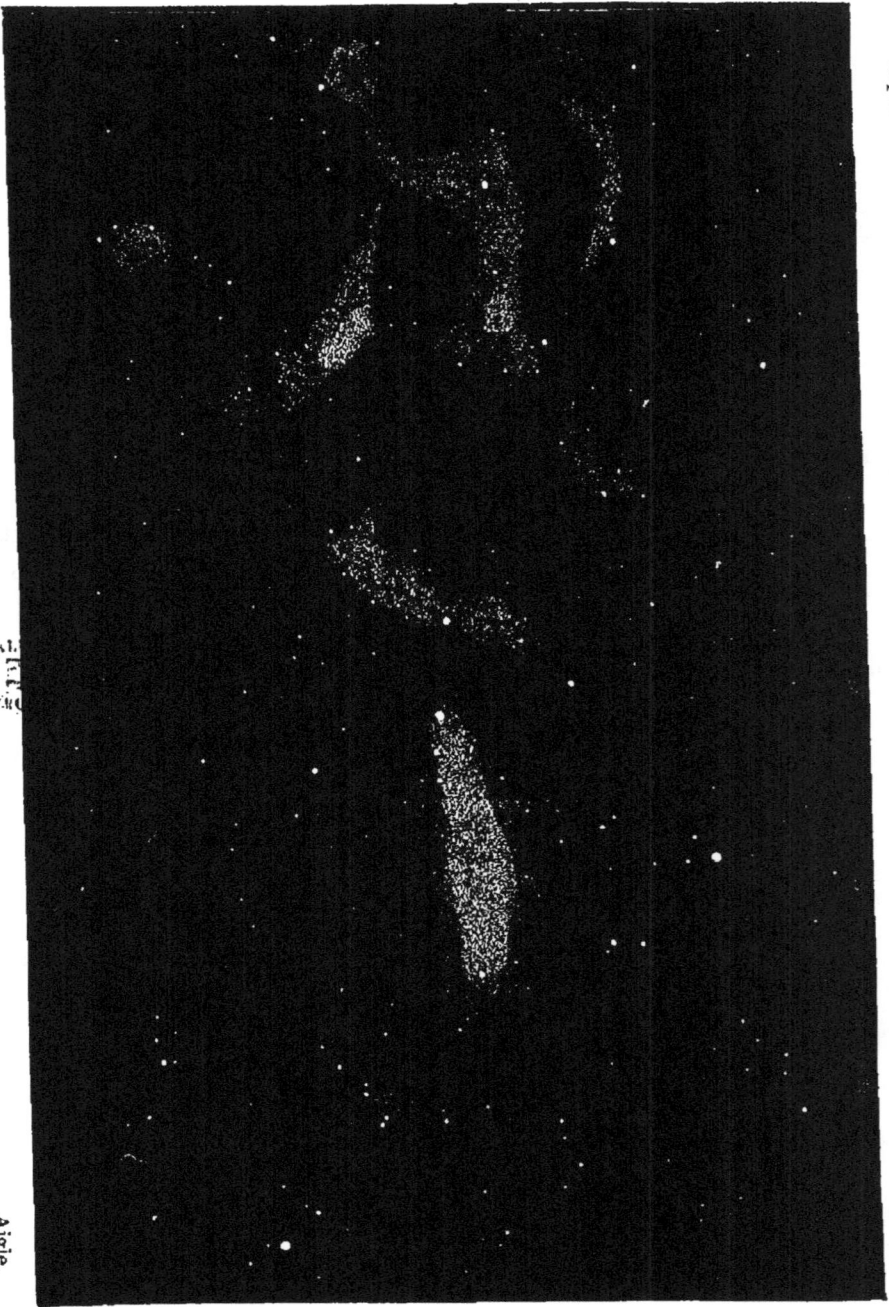

Céphée.

Dragon.

Lyre Wega.

Cassiopée.

Andromède.

Cygne.
Fig. 53. — Voie lactée boréale.

Aigle.
Ataïr.

Suivons-la maintenant dans son trajet à travers l'hémisphère austral.

Après avoir traversé l'équateur et longé Sirius, elle entre dans le Navire, en augmentant progressivement d'éclat. Là, elle se partage en plusieurs rameaux, qui s'étendent en éventail sur une grande largeur et s'évanouissent tous à la fois, pour reparaître un peu plus loin dans la même constellation. Ces rameaux se réunissent dans le Centaure et la Croix du Sud, en un point où la Voie lactée offre son minimum de largeur. C'est là que se trouve le fameux Sac-à-Charbon, trou obscur en forme de poire, environné de toutes parts par la zone nébuleuse, et où l'œil nu n'aperçoit qu'une seule étoile, bien qu'il y en ait un assez grand nombre de télescopiques. Tout près d'α du Centaure, la Voie lactée se divise de nouveau en deux branches principales, avec nombreuses ramifications, et la bifurcation continue dans le Loup, l'Autel, le Scorpion, le Sagittaire, jusqu'au Serpent. Alors les deux branches, traversant de nouveau l'équateur, rejoignent la partie boréale de la Voie lactée, au point même ·où notre description a commencé.

Dans cet immense parcours, qui embrasse, je l'ai dit, tout un grand cercle de la voûte céleste, la lueur de la nébuleuse est extrêmement variable d'éclat. On a vu que la partie la plus brillante de la Voie lactée boréale, est celle qui traverse l'Aigle et le Cygne. Dans l'hémisphère du Sud, la zone comprise entre le Navire et l'Autel, est plus remarquable encore. Mais, comme le fait observer Humboldt, une circonstance particulière accroît la magnificence de la Voie lactée dans l'hémisphère austral :

c'est le voisinage d'une longue zone d'étoiles très brillantes, que nous avons déjà remarquées en passant en revue les constellations[1], zone qui part de Sirius, dans le Grand-Chien, pour traverser le Navire, et les belles étoiles de la Croix, du Centaure et du Scorpion. Aussi, selon un observateur anglais, le capitaine Jacob, une personne non prévenue est avertie du lever au-dessus de l'horizon de cette partie du ciel, par l'illumination générale de l'atmosphère, illumination si vive, qu'il la compare à la lueur que répand la nouvelle Lune.

Quand on examine la Voie lactée à l'aide des télescopes, la nébulosité se résout généralement en une multitude d'étoiles très rapprochées les unes des autres, mais fort irrégulièrement condensées. Les amas stellaires de formes irrégulières y sont surtout très nombreux : il n'en est pas de même des amas de forme globulaire, qui ne se trouvent guère que dans la partie la plus brillante de la zone australe. « Si quelques régions, dit Humboldt, présentent de grands espaces où la lumière est uniformément répartie, il vient, immédiatement après, d'autres régions où des espaces brillant du plus vif éclat alternent avec des espaces pauvres en étoiles, et dessinent sur le ciel des réseaux irrégulièrement lumineux. On trouve même, jusque dans l'intérieur de la Voie lactée, des espaces obscurs, où il est impossible de découvrir une seule étoile, fût-elle de dix-huitième ou de vingtième grandeur. A l'aspect de ces régions absolument vides, on ne saurait se défendre de l'idée que le rayon visuel a pénétré

---

1. Voyez les ÉTOILES, chapitre II.

Croix du Sud

Scorpion

Navire.

VOIE LACTÉE AUSTRALE.

Grand-Chien.

réellement dans l'espace, en traversant l'épaisseur entière de la couche stellaire qui nous environne. » (Humboldt, *Cosmos*, p. 150.)

Dans un grand nombre de ses points, la zone nébuleuse a été complètement résolue, de sorte que les étoiles s'y projettent sur un fond noir, absolument dépourvu de toute nébulosité. Mais dans d'autres régions, derrière les étoiles, on aperçoit encore une lueur blanchâtre qui montre que, dans ces directions, la Voie lactée est réellement impénétrable.

Nous examinerons, dans le chapitre qui va suivre, quelle est la forme, quelle est l'étendue de la Voie lactée, quelle est sa composition en étoiles, en amas stellaires et en nébuleuses; nous verrons comment on est arrivé à cette conclusion que le Soleil est une de ces étoiles, ou mieux, une étoile composante de l'un de ces amas. Alors seulement, il sera possible de dire dans quelle mesure les données actuelles de la science permettent de comprendre la structure de l'Univers visible.

CHAPITRE VI

CONSTITUTION PHYSIQUE ET CHIMIQUE
DES NÉBULEUSES

---

§ 1. — Hypothèse de la matière nébuleuse diffuse. — Aperçu
historique sur les opinions des astronomes à cet égard.

Toutes les nébuleuses semées dans les profondeurs du ciel doivent-elles être considérées comme
autant d'agglomérations d'étoiles, ne différant des
amas globulaires que par la forme générale, le groupement des composantes? Ou bien doit-on penser
que, dans le nombre de ces nuages célestes, il en
est qui sont composés d'une matière diffuse, vaporeuse, ou du moins formés par l'accumulation de
corpuscules brillants, d'une grande ténuité relative,
et n'ayant d'ailleurs aucune analogie avec les véritables corps célestes, avec les soleils? A plusieurs reprises déjà, dans le cours de cet ouvrage, cette
double question a été posée, et nous avons eu l'occasion d'en laisser entrevoir la solution, qui est
favorable à l'idée de l'existence simultanée de nombreux amas stellaires, et de nébuleuses irréducti-

bles dont le caractère particulier a été nettement
reconnu pour un certain nombre de ces objets.
Nous allons maintenant reprendre avec plus de détails l'exposé historique et théorique de ce problème si intéressant.

L'hypothèse d'une matière nébuleuse, douée d'une
lumière propre et répandue par masses immenses
au sein de l'étendue, a été proposée dès l'origine,
nous l'avons vu, par les astronomes dont les instruments ne parvenaient point à décomposer ces sortes
de nuages cosmiques. Les grandes nébuleuses surtout, à forme irrégulière et tourmentée, comme
celle qui environne θ d'Orion, avaient beaucoup
contribué à l'admission de cette hypothèse, que
l'autorité de W. Herschel ne contribua pas peu à
faire adopter. Les nébuleuses globulaires, succes-
sivement résolues, firent d'abord penser que les
amas stellaires affectaient tous la forme arrondie,
sphérique, avec condensation lumineuse au centre,
et c'est ce qui explique pourquoi l'idée de nébulosité réelle fut principalement réservée aux nébuleuses irrégulières.

Cependant les observations modernes, effectuées
avec des instruments d'une puissance inusitée, vin-
rent peu à peu démontrer l'identité de composition
d'un grand nombre de ces dernières nébuleuses
avec les amas stellaires. Des milliers de petites
étoiles apparurent, là où l'on n'avait pu voir auparavant qu'une lueur phosphorescente, laiteuse et,
selon l'expression des astronomes, d'un aspect indé-
finissable et caractéristique. Les observateurs di-
saient de la nébuleuse d'Orion « qu'elle ne fait

Fig. 55. — Amas stellaire d'Hercule (M. 13) vu dans le grand télescope de Parsonstown, d'après un dessin de M. B. Stoney.

naître aucune sensation d'étoiles, et qu'on n'y remarque point ces élancements stellaires, indices
d'une décomposition probable; » la nébuleuse d'Andromède semblait devoir être rangée dans la même
catégorie; or celle-ci a été récemment résolue, du
moins en grande partie : quelques fragments de
celle d'Orion ont aussi paru décomposables à des
astronomes qui, comme Bond et le Dr Gyldèn, se
sont livrés à une étude approfondie de cette magnifique nébuleuse. Ainsi, l'hypothèse d'une matière
diffuse et nébuleuse semblait reculer au fur et à
mesure des progrès de l'observation.

Était-ce à dire qu'elle dût être tout à fait aban-
donnée ? L'existence d'une matière de ce genre
n'avait, à la vérité, rien d'incompatible avec ce qu'on
sait de la constitution physique des corps célestes.
Les comètes, avec leurs noyaux vaporeux qui mani-
festent divers degrés de condensation, avec leurs
auréoles et leurs queues si diffuses, que les étoiles
s'aperçoivent au travers, avec leurs faibles masses,
prouvaient bien que cette existence était possible et
réelle. L'agglomération, de quelque nature qu'elle
soit, qui produit la lueur zodiacale, venait encore à
l'appui de l'hypothèse d'une matière nébuleuse. On
n'avait néanmoins aucun témoignage positif de son
existence ; et les partisans de la résolubilité complète de toutes les nébuleuses, se bornaient à arguer
de la faiblesse relative des instruments d'optique et
de ce fait d'observation, mentionné plus haut, que
l'emploi de télescopes plus puissants étendait le
nombre des amas stellaires proprement dits, tout en
accroissant le nombre des nébuleuses irréductibles.

La question en était là, quand plusieurs astro-

nomes se mirent à étudier la lumière des nébuleuses et la constitution de leurs spectres. Ce nouvel
examen trancha définitivement la difficulté pen-
dante, en faisant voir que certaines nébuleuses ne
peuvent être considérées comme des amas d'étoiles,
mais comme des agglomérations d'une matière
gazeuse, à l'état d'incandescence. Mais, avant d'exposer les résultats de ces recherches toutes nouvelles, il importe de bien préciser la façon dont le
problème de la distinction entre les nébuleuses et
les amas, avait été conçu par les astronomes qui
n'avaient d'autre ressource que l'observation télescopique. On verra ainsi, jusqu'à quel point il était
permis d'espérer qu'on pût résoudre ce problème.

Un amas d'étoiles peut prendre, au télescope,
l'aspect d'une nébulosité indécomposée, par le fait
de l'insuffisance du pouvoir optique disponible, insuffisance qui peut affecter aussi bien ce que les
astronomes appellent le pouvoir de définition que
le pouvoir amplificatif ou le grossissement; l'état du
ciel, bien entendu, entre souvent pour beaucoup
dans cette difficulté. En ce qui concerne l'amas lui-
même, l'impossibilité de le décomposer peut tenir
soit à l'extrême petitesse des étoiles composantes,
soit à leur extrême rapprochement, soit à ces deux
causes réunies, qui peuvent s'expliquer d'ailleurs
uniquement par l'immensité de la distance.

Comment reconnaître qu'un objet est *optiquement
nébuleux*, c'est-à-dire n'a que ·l'apparence d'une
nébuleuse, ou bien qu'il est *physiquement nébuleux*,
c'est-à-dire est une nébulosité réelle. Il est vrai
qu'il reste toujours à définir une nébuleuse de ce
genre. La matière nébuleuse est-elle une vapeur,

un gaz, une agrégation d'une multitude de corpuscules relativement très rapprochés, mais isolés? En
tout cas, pour expliquer la visibilité d'une telle matière, plongée dans l'espace à des profondeurs qui
égalent ou dépassent les distances stellaires, il faut
de toute nécessité la supposer douée d'une lumière
propre, et le plus simple est d'admettre qu'elle est
à l'état d'incandescence.

L'idée de l'existence d'une telle matière lumineuse
diffuse, çà et là répandue dans les espaces célestes,
n'est pas nouvelle. Tycho-Brahé a émis cette hypothèse pour expliquer la soudaine apparition de
l'étoile nouvelle de 1572, la Pèlerine. Il la consi-
déra comme formée par une agglomération récente
d'une portion de matière diffuse, partout répandue
dans le ciel et à laquelle il donnait le nom de *matière céleste.*

« La matière céleste existait, suivant Tycho, dans
la Voie lactée en plus grande abondance que partout ailleurs. Fallait-il donc s'étonner, disait-il, que
l'étoile eût fait son apparition au milieu de cette
bande lumineuse? Tycho voyait même un *espace
obscur,* grand comme la moitié du disque de la
lune, dans le lieu même où l'étoile s'était montrée.
Il ne se souvenait pas de l'avoir remarqué auparavant. » (Arago, notice de l'*Annuaire pour 1842.*)

Ce n'était là qu'une conjecture, et, à l'époque où
elle était émise, on ne connaissait d'autres nébuleuses que la Voie lactée et les quelques amas visibles
à l'œil nu. Il en faut dire autant de l'opinion de
Képler, laquelle fut suggérée à l'illustre astronome
par un phénomène tout semblable à celui dont
Tycho avait été frappé : l'étoile nouvelle de 1604

avait été, selon lui, formée par la condensation de
la matière éthérée; si l'étoile de 1572 était apparue
au sein de la Voie lactée et s'était composée à ses
dépens, l'étoile de 1604, qui était voisine de la
grande zone, avait eu sans doute la même origine.

Parmi les astronomes des deux derniers siècles,
les uns, comme Halley, Lacaille, Mairan, croyaient
à l'existence d'une matière nébuleuse diffuse; d'autres, comme Cassini, Lambert, Lalande [1], considé-
raient les nébuleuses comme formées d'une multitude de petites étoiles.

1. Lalande, dans son *Astronomie*, n'est pas cependant éloigné
de la première opinion.

« Les nébuleuses proprement dites, dit-il, paraissent être
de petites portions de la Voie lactée, répandues en différents endroits du ciel. Il est difficile de décider si la Voie
lactée elle-même, aussi bien que les nébuleuses dont la lumière est vive, sans être parsemée d'étoiles, où l'on n'aperçoit qu'une blancheur uniforme, même avec les plus grandes
lunettes, sont cependant formées par de véritables étoiles,
situées fort près l'une de l'autre; c'est le sentiment de
M. Cassini; mais M. de La Caille en paraît éloigné. M. de
Mairan, voyant quelque analogie entre la lumière zodiacale et ces nébulosités, pense qu'on pourrait les attribuer à l'atmosphère de plusieurs étoiles, dont les unes se
voient dans la plupart des nébuleuses et dont plusieurs
autres, peut-être, se dérobent à notre vue. »

« La figure irrégulière de la nébuleuse d'Orion et sa continuité, dit M. de Mairan, n'ont rien qui doive surprendre :
des positions différentes et une distance si énorme ne sau-
raient manquer de confondre, ou de mutiler à nos yeux, la
plupart de ces atmosphères, et pourraient fort bien nous en
montrer l'assemblage ou le total, sous la figure que cette
clarté représente. » (*Traité de l'aurore boréale.*)

Il est à noter que Lalande compare aux nébuleuses la
lumière zodiacale « qui, dit-il, est un phénomène également
singulier, et une lumière peut-être de même genre. »

§ 2. — Couleur des nébuleuses. — Variations d'éclat et disparition de nébuleuses. — Changements et fluctuations dans la nébuleuse d'Orion.

En décrivant, d'après J. Herschel, le plus beau des amas stellaires, l'amas du Toucan, nous avons vu que la partie centrale est colorée en rose, et enveloppée d'une bordure blanche concentrique. La nébuleuse ayant été entièrement résolue en étoiles, cette coloration appartient évidemment à chacune des composantes. C'est un fait qui n'a rien de surprenant, après ce que l'on a vu des étoiles colorées simples ou doubles. L'amas de la Croix du Sud, que nous avons vu[1] formé d'un grand nombre d'étoiles blanches, parsemées de quelques étoiles rouges, vertes et bleues, apparaît comme une nébuleuse blanche. D'un autre côté, nous avons cité un amas du ciel austral, qui est entièrement composé d'étoiles bleues.

La coloration de quelques nébuleuses peut donc s'expliquer aisément par la couleur prédominante des étoiles dont elles sont formées. J. Herschel cite une nébuleuse planétaire, dont la lumière a l'éclat d'une étoile de sixième à septième grandeur, et dont le disque, légèrement elliptique, a un bord vif, clair, bien déterminé, et se distingue « par sa couleur, qui est d'un beau bleu foncé, tirant un peu sur le vert[2]. » Le même astronome cite trois autres nébuleuses, dont la couleur est celle d'un bleu de ciel

1. Voir notre volume des ÉTOILES, page 227, et la planche du frontispice du même ouvrage.
2. *Outlines of Astronomy*, 6ᵉ édit., p. 645.

un peu clair. Comme ces dernières nébuleuses sont toutes des nébuleuses planétaires, il faut, si l'on admet l'hypothèse d'une matière diffuse, supposer que sa lumière a elle-même une couleur particulière, ce qui d'ailleurs n'offre aucune difficulté. La nébuleuse d'Orion offre, dans toutes ses parties, une teinte bleue verdâtre, d'autant plus remarquable qu'elle se trouve être, comme l'a remarqué Secchi, celle d'un assez grand nombre d'étoiles de la même constellation. On va voir plus loin, que cette nébuleuse est partiellement formée de masses gazeuses incandescentes.

Indépendamment des analogies de couleur, de distribution et, après tout et surtout, de constitution, qu'un grand nombre de nébuleuses présentent avec les étoiles, disséminées ou réunies en couples, il semblerait aujourd'hui constaté qu'il y a entre elles une ressemblance de plus : je veux parler de la variabilité d'éclat. Deux nébuleuses, situées toutes les deux dans la constellation du Taureau, ont présenté de singuliers phénomènes. La première, voisine d'une étoile de dixième grandeur d'éclat variable, a offert des variations qui semblent correspondre avec celles de l'étoile [1], et même a fini par disparaître. La seconde nébuleuse, située près de l'étoile ζ du Taureau, après avoir augmenté graduellement d'éclat pendant plus de trois mois [2], disparut.

1. D'Arrest, Hind, Chacornac.
2. Observée par M. Chacornac. La disparition ne fut décidément constatée que plus de six ans après le maximum d'éclat. Il eût été intéressant de savoir si, aux phases d'accroisse ent, a succédé une période de décroissance, ou si

Des phénomènes analogues avaient déjà été constatés par W. Herschel. Deux étoiles, qui s'étaient montrées en 1774, entourées de nébulosités circulaires, ne laissaient plus apercevoir aucune trace de ces enveloppes en 1811. Arago a signalé cet autre fait, qui se rapporte au même ordre de transformations : « Lacaille, dit-il dans une note de la bibliographie de W. Herschel, pendant son séjour au Cap, voyait dans la constellation d'Argo cinq petites étoiles au milieu d'une nébuleuse, dont M. Dunlop, avec de bien meilleurs instruments, n'apercevait point de trace en 1825. »

La comparaison des dessins de Lamont, d'Herschel, de Liapounow et de Bond, a suggéré l'idée que la nébuleuse d'Orion a subi, dans les intervalles des observations, des changements assez importants. Ce fut, dès l'origine, l'opinion de plusieurs astronomes qui trouvaient des différences notables entre leurs représentations de la nébuleuse. Ces différences provenaient alors, il est difficile d'en douter, de l'imperfection des instruments et de l'inégalité de leur netteté et de leur pouvoir. Cependant, il est assez remarquable qu'Huygens n'ait pas vu la nébulosité isolée de la partie boréale, bien qu'il ait noté l'étoile visible au centre, nébulosité que Mairan a vue et dessinée. Les différences signa-

la disparition a été subite. La disparition d'une nébuleuse et la diminution lente et progressive de son éclat recevraient une explication toute naturelle de la théorie de Schiaparelli. Il suffit d'admettre avec cet astronome que, parmi les nébuleuses, il en est qui s'approchent ou s'éloignent du système solaire. Mais ici, la disparition, ayant suivi un accroissement d'éclat, ne peut s'expliquer par le mouvement de la nébulosité.

lées entre les observations modernes, bien que
moins frappantes que celles d'il y a un ou deux
siècles, doivent-elles être mises sur le compte des
instruments ou des circonstances atmosphériques?
J. Herschel, à ce sujet, fait à la vérité remarquer
combien il est difficile de représenter avec exactitude les diverses parties d'objets aussi complexes,
les intensités relatives, les positions et les contours
exacts de lueurs si faibles, et dont l'aspect change
aussi bien avec le pouvoir optique qu'avec la pureté
plus ou moins grande de l'atmosphère. Cependant
l'opinion de Struve est que, s'il n'y a pas eu de réels
changements de forme, il n'en est pas de même de
l'intensité lumineuse des diverses parties.

  « Les observations concernant la distribution et
l'éclat de la matière nébuleuse, dit-il, n'accusent
presque aucun changement de formes, mais bien
des fluctuations dans l'état des différentes parties.
L'impression générale que j'ai reçue de ces observations, est que la partie centrale de la nébuleuse se
trouve dans un état d'agitation continuelle comme
la surface d'une mer. » (O. Struve, observations de
Poulkowa, *Mémoires de l'Académie des sciences de
Saint-Pétersbourg*, 1862.) M. Liapounow exprimait
une opinion plus tranchée. En comparant les résultats obtenus par J. Herschel, Lamont et Bond, il
était frappé « de la grande différence qui existe dans
les dessins de MM. Herschel et Bond, par rapport
aux formes et à la constitution de la région centrale,
la plus lumineuse et la mieux définie de toutes les
parties de la nébuleuse. Il est presque impossible
de concilier sous ce rapport les deux dessins, sans
admettre la supposition d'un changement considé-

Fig. 56. — Grand télescope de lord Rosse, à l'Observatoire de Parsonstown.

rable qu'aurait subi cette région dans l'intervalle
écoulé entre les deux observations. (*Observations
de la nébuleuse d'Orion faites à Cazan.*) Ce savant
avait remarqué du reste l'état d'agitation, signalée
par Struve, de cette même région centrale, et son
journal d'observation du 24 février 1851 portait la
note suivante : « Toute la région me parait offrir
aujourd'hui les apparences d'une surface liquide,
qui se trouve en mouvement ondulatoire rapide. »
Il reste à savoir si la cause de cette agitation apparente n'était pas dans l'état des couches de l'air et
dans notre propre atmosphère.

J. Herschel, dans ses observations du Cap, a
publié un catalogue de 150 étoiles contenues dans
l'étendue de la nébuleuse d'Orion; ces étoiles, presque toutes comprises entre la dixième et la dix-
huitième grandeur (26 seulement sont entre les cinquième et dixième), ont été soigneusement étudiées
au point de vue de leur éclat relatif et de leur position. Liapounow en a identifié 83 avec ses propres
observations, et le grand mémoire de G.-P. Bond a
continué des recherches analogues, qu'il a étendues
d'ailleurs à toute la région nébuleuse comprise au
nord et au sud de 0, jusqu'aux étoiles c et ι d'Orion.
1101 étoiles sont renfermées dans les catalogues de
l'astronome américain, 140 au-dessus de la dixième
grandeur et 961 au-dessous. L'intérêt de ces travaux
est de rechercher si, parmi ces étoiles innombrables
paraissant liées à la nébuleuse, il y a des mouvements propres sensibles et aussi des variations
d'éclat. D'après Liapounow, trois des quatre étoiles
principales du Trapèze auraient un mouvement en
ascension droite, par rapport à la quatrième, θ'. De

plus, il paraît certain à Struve que plusieurs des
étoiles de la région centrale sont variables. Cette
hypothèse, basée sur la comparaison des étoiles de
Liapounow et d'Herschel, a été confirmée depuis
par G.-P. Bond, et tout récemment par deux astronomes de l'observatoire de Toulouse, MM. Tisse-
rand et Perrotin. Mais on ne sait encore quelles sont
les phases de la variabilité, si elles sont périodiques
ou irrégulières. Ce dernier cas paraît plus probable,
si l'on songe à la connexion physique qui unit ces
étoiles à la nébuleuse, et si l'on admet dans celle-ci
la réalité de transformations, de condensations ou
de diminutions de lumière, que l'observation a tout
au moins suggérées comme très vraisemblables.

La variabilité, la disparition même d'une étoile
isolée, s'expliquent à l'aide d'hypothèses satisfai-
santes. Il n'en serait plus de même pour une nébuleuse, s'il fallait la considérer comme nécessairement composée d'étoiles distinctes ; car alors
comment admettre que la cause de variabilité d'une
des étoiles exerce son influence au même instant
sur tous les individus du groupe? Mais ces phénomènes paraissent moins étranges, aujourd'hui qu'on
a acquis la certitude de l'existence d'une matière
diffuse. Les variations d'éclat, l'extinction progressive ou même subite de la lumière sont, en effet,
plus compréhensibles dans des masses de ce genre
que dans un groupe d'étoiles.

Parlons maintenant de l'analyse de la lumière des
nébuleuses par le prisme, et des conséquences
qu'elle a entraînées dans l'opinion que se faisaient
les astronomes de leur constitution physico-chi-
mique.

§ 3. — Analyse spectrale de la lumière des nébuleuses. —
Spectres continus des nébuleuses stellaires. — Nébuleuses
de constitution gazeuse.

C'est une nébuleuse de la constellation du Dragon
qui a été la première analysée au spectroscope par
M. Huggins, en 1864. Son spectre lui parut formé
uniquement de trois raies brillantes isolées, d'où il
faut conclure que ce ne peut être un amas d'étoiles distinctes, mais une véritable nébulosité, une
agglomération de matière gazeuse, lumineuse ou
incandescente. La plus brillante des trois raies
observées coïncidait avec la plus forte des raies
particulières à l'azote. « Il peut se faire toutefois,
dit M. Huggins, que la présence de cette raie seule
indique une forme de matière plus élémentaire que
l'azote, et que nos moyens d'analyse n'ont pas encore pu nous faire connaître. » La plus faible des
raies du spectre de la nébuleuse coïncide avec la
raie verte de l'hydrogène. Enfin la raie intermédiaire, peu éloignée de celle du baryum, ne coïncide pas toutefois avec elle.

Outre les trois raies brillantes, on aperçoit aussi
une bande colorée, formant un spectre continu extrêmement faible, et presque sans largeur, comme
s'il provenait d'un point lumineux situé vers le centre de la nébulosité. La nébuleuse en question,
qu'on rangeait auparavant parmi les nébuleuses planétaires, possède en effet un noyau petit, mais très
brillant. M. Huggins en conclut que probablement
la matière formant ce noyau n'est pas à l'état de
gaz, comme celle dont il est environné, qu'elle est

sous la forme d'un brouillard de particules solides ou liquides incandescentes.

Le même savant a étudié en tout soixante-dix nébuleuses. Un tiers environ a présenté une constitution analogue à celle de la nébuleuse du Dragon, leurs spectres se réduisant à une ou plusieurs raies brillantes ; les autres ont donné au contraire des spectres continus ; mais il est à remarquer que, dans le nombre des nébuleuses dont la lumière analysée a indiqué la constitution gazeuse, toutes sans exception possèdent la plus brillante des trois raies, celle qui coïncide avec la plus brillante des raies de l'azote. En outre, aucune autre ligne n'a été observée du côté le moins réfrangible et le plus brillant, au delà de la ligne commune à toutes les nébuleuses gazeuses. Cette proportion de 1 : 2 des nébuleuses gazeuses aux nébuleuses stellaires, est sans doute plus forte que ne donnerait l'examen spectroscopique de la totalité des nébuleuses. M. Huggins, en effet, a choisi spécialement pour en faire l'objet de ses études celles dont les caractères (la forme et la couleur) lui paraissaient devoir donner une constitution gazeuse.

Citons parmi les nébuleuses de constitution gazeuse, et dont le spectre est formé de trois raies brillantes, une petite nébuleuse du Verseau, qui, dans le télescope de lord Rosse, apparaissait sous la forme d'un globe coupé par un anneau ou par sa tranche, ainsi qu'on voit Saturne à l'une de ses phases ; puis, une autre nébuleuse de structure semblable, mais où l'anneau, vu de face, entoure le globe lumineux. Une nébuleuse en forme de spirale a donné quatre raies brillantes. La nébuleuse annu-

laire de la Lyre, ainsi que Dumb-bell, la célèbre nébuleuse du Renard, ont des spectres formés d'une
raie brillante unique, qui est dès lors, d'après la remarque faite plus haut, la plus forte des trois raies
de la nébuleuse du Dragon ; mais il n'y a aucune
trace d'un spectre continu.

Enfin la grande nébuleuse de 0 d'Orion, qui, par
la teinte bleu-verdâtre de sa lumière, ressemble aux
nébuleuses précédentes, a également fourni un spectre composé de quatre raies brillantes ; ces raies sont
bien définies et leurs intervalles tout à fait obscurs ;
la plus brillante et la moins réfrangible coïncide avec
l'une des composantes de la double raie de l'azote ;
la seconde est peut-être une ligne du fer, et les
deux autres sont en coïncidence exacte avec les lignes F et G de l'hydrogène. La nébuleuse d'Orion
est donc encore une nébulosité gazeuse. Mais il ne
faut pas oublier que lord Rosse a vu, dans la nébuleuse annulaire de la Lyre et dans Dumb-bell, des
points brillants ; que le même astronome, armé de
son puissant télescope, a découvert, sur le fond de
la nébuleuse d'Orion, de très petites étoiles rouges
(cette teinte est peut-être due à un effet de contraste), étoiles trop fines pour fournir un spectre
visible. Tout n'est donc pas dit sur la véritable
structure de ces grandes masses ; mais il n'en ressort pas moins, de l'analyse précédente, ce fait
d'une si haute importance, à savoir que l'hypothèse
de W. Herschel sur l'existence d'une matière à l'état
de nébulosité diffuse, brillant de sa propre lumière,
était fondée.

La nébuleuse d'Andromède est de constitution
toute différente. Son spectre n'est plus formé de

raies brillantes séparées ; il donne une bande de
lumière continue, mais il est incomplet : le rouge
et une partie de l'orangé manquent. Or les véritables amas stellaires, les nébuleuses résolues par le
télescope en points brillants distincts ont également
un spectre continu. Ainsi l'amas stellaire d'Hercule
donne un spectre semblable. Ce résultat s'accorde
bien avec les observations de Bond, qui a décomposé en partie la nébuleuse d'Andromède, et y a
compté, ainsi que nous l'avons rapporté plus haut,
jusqu'à 1500 étoiles distinctes.

En résumé, sur 70 nébuleuses dont la lumière a
été analysée par Huggins, 41 ont donné un spectre
continu. Sur ce nombre, il y a 10 amas stellaires et
15 autres nébuleuses considérées par les astronomes
comme résolubles en étoiles. Aucune des 19 nébuleuses donnant un spectre formé de raies brillantes
n'a pu être résolue entièrement en étoiles.

§ 4. — Distances et mouvements des nébuleuses. — Mouvements relatifs des composantes d'une nébuleuse double. —
Méthode spectrale : mouvements des nébuleuses dans le
sens du rayon visuel.

Les mêmes questions que nous avons vues posées
et en partie résolues pour les étoiles, peuvent se
poser pour les nébuleuses : mouvements périodiques annuels apparents dus à l'aberration de la lumière ou au mouvement de la Terre dans son orbite ; mouvements périodiques réels indiquant la
révolution mutuelle de deux corps associés en groupes ; mouvements progressifs apparents ou réels

dus à la translation de notre propre système ou à la translation propre des nébuleuses dans l'espace.

Mais c'est à peine si quelques tentatives ont été faites pour résoudre ces diverses questions. Laugier, en 1847, a étudié les mouvements propres de trois nébuleuses, qui portent les numéros 3, 11 et 28 dans le catalogue de Messier[1], et que ce dernier astronome avait observées en 1764. En ramenant à la même époque, du 1er janvier 1847, les positions de ces trois amas observées par Messier et les siennes propres, Laugier trouve des différences en ascension droite et en déclinaison assez fortes pour qu'elles ne puissent être attribuées aux erreurs d'observation ; suivant lui, elles représentent en partie les déplacements de ces nébuleuses, de 1764 à 1847, c'est-à-dire pendant un intervalle de 83 ans. Les mouvements propres annuels, mesurés en arc de grand cercle, sont environ de 1″,5 pour chacune d'elles, et par conséquent sont comparables aux mouvements propres des étoiles.

---

1. La première, de 5′ à 6′ de diamètre, selon J. Herschel, est un amas globulaire des Chiens de chasse, dont le centre est très brillant et qui renferme plus de mille étoiles de la onzième à la quinzième grandeur. La seconde, située dans l'Écu de Sobieski, a 10′ à 12′ de diamètre ; Messier l'a décomposée en un grand nombre d'étoiles de onzième grandeur, excepté une, qui est de neuvième. Enfin la troisième, dans le Sagittaire, est également un amas, très riche et excessivement condensé au centre, dont les composantes sont de quatorzième à quinzième grandeur. Les mouvements propres constatés par Laugier sont :

	En asc. dr.	En déclinaison.
3M.	— 1′ 7″	+ 1′40″
11M.	+ 1′55″	— 1′20″
28M.	+ 2′ 9″	— 58″

Ces résultats importants ont suggéré la pensée de confectionner des catalogues très précis des positions d'un certain nombre de nébuleuses; Laugier, en 1854, Schœnfeld et Schultz, cette année même, ont publié des recueils de ce genre qui fourniront pour l'avenir de précieux matériaux.

Les mouvements propres des nébuleuses constatés, on pourrait en déduire leur vitesse de translation dans l'espace, vitesse relative comme celle des étoiles, puisque le mouvement propre absolu du système solaire est encore inconnu. Mais il faudrait connaître leurs distances, et aucune mesure de parallaxe n'a encore été tentée, que nous sachions, ni en tout cas réalisée. Il faut sur ce point se borner aux conjectures et aux probabilités. Les nébuleuses sont-elles à des distances comparables aux distances stellaires, ou au contraire beaucoup plus reculées? Pour les amas, cette dernière hypothèse nous semble plus probable, si l'on s'en réfère aux relations supposées entre les distances et les grandeurs des étoiles, ainsi que nous l'avons établi dans un précédent chapitre. En se basant sur cet ordre de considérations, on a calculé que la nébuleuse d'Andromède doit être 75 fois plus éloignée que les étoiles de neuvième grandeur, de sorte que la lumière, pour venir de cet immense amas stellaire jusqu'à notre système, mettrait plus de quarante mille ans!

Mais on peut, comme l'a fait sir J. Herschel, aborder le problème de la distance des nébuleuses d'une autre façon, et reconnaître que, dans certains cas au moins, cette distance est comparable à celle des étoiles d'une grandeur déterminée. Considérant comme à peu près sphérique la plus grande des deux

Nuées de Magellan, et partant de ses dimensions apparentes, qui lui donnent un diamètre d'environ 3°, cet éminent astronome en concluait qu'il n'y a pas, entre la distance des objets les plus éloignés dont elle est composée et celle des plus rapprochés, une différence supérieure au dixième de la distance qui nous sépare de son centre. « En conséquence, dit-il, l'éclat des objets les plus voisins ne peut être beaucoup agrandi, ni celui des plus éloignés beaucoup affaibli par cette différence de distance. Cependant, à l'intérieur de cet espace globulaire, j'ai noté au delà de 600 étoiles de septième, huitième, neuvième et dixième grandeur, environ 300 nébuleuses et amas, globulaires ou autres, à tous les degrés de résolubilité, ainsi que d'innombrables petites étoiles de toutes les grandeurs inférieures, depuis la dixième jusqu'à celles dont la multitude et la petitesse constituent la partie irrésoluble de la nébulosité, le tout disséminé sur une étendue de quelques degrés carrés. S'il ne s'agissait que d'un seul objet, on pourrait, avec quelque vraisemblance, soutenir que son apparente sphéricité est due seulement à un effet de raccourci, et qu'en réalité il existe une plus grande différence proportionnelle de distance entre les parties les plus rapprochées et les plus éloignées. Mais une telle disposition, improbable même dans un cas unique, doit être rejetée comme objection valable, dès qu'elle s'applique à deux. Il faut donc considérer comme un fait démontré que des étoiles de septième et de huitième grandeur coexistent avec des nébuleuses irrésolubles à des distances dont le rapport peut être représenté par les nombres 9 et 10. » Le raisonnement qui précède est juste ; mais il ne nous semble plus applicable aux étoiles éparses et aux nébuleuses isolées des autres régions du ciel, à moins qu'on ne les considère les unes et les autres comme autant d'individus d'une association unique, ainsi que sont les étoiles, les amas et les nébuleuses des deux Nuées de Magellan.

Revenons aux mouvements des nébuleuses. On a vu qu'un certain nombre forment probablement des couples, analogues aux étoiles multiples, et qu'il est permis d'espérer qu'on pourra un jour constater des déplacements dans les composantes, indiquant un mouvement de révolution. Aucune observation n'a encore justifié cette conjecture. Cependant la nébuleuse double (1905 H), observée par Herschel entre 1825 et 1833, pourrait être invoquée comme un exemple de mouvement propre et aussi de révolution des composantes. En effet, celles-ci, toutes deux de forme ovale allongée, avaient alors la position qu'indique la figure 57, 1. Elle a été observée à plusieurs reprises de 1848 à 1861 à l'aide du grand télescope de lord Rosse, et dessinée à cette dernière époque par M. Hunter. En 1848, la distance des composantes parut plus grande que celle du dessin de J. Herschel. En 1855, les deux nébuleuses, au lieu d'être placées en ligne droite sur le prolongement l'une de l'autre, étaient sur deux lignes parallèles, et, en 1861, les axes, au lieu d'être parallèles, faisaient, comme le montre le nº 2 de la même figure, un angle d'environ 16'.

Y a-t-il des nébuleuses qui s'approchent ou qui s'éloignent de la Terre ?

Nous avons vu que l'analyse spectrale permet de mesurer le mouvement et la vitesse d'un astre, se-

lon le rayon visuel, soit qu'il s'approche, soit qu'il
s'éloigne de la Terre. Il suffit, pour cela, que le
spectre de sa lumière ne soit pas continu, et qu'il
renferme des lignes sombres ou des lignes brillantes
appartenant à une substance chimique connue. Toute
déviation vers le rouge ou vers le violet, d'une telle
ligne, indique le mouvement et son sens, et permet

Fig. 57. — Mouvement probable des composantes de la nébuleuse
double 1905 H. — 1. Observation et dessin de J. Herschel. — 2. Observation et dessin de M. Hunter.

d'en mesurer approximativement la vitesse. M. Huggins a tenté l'application de cette méthode au mouvement des nébuleuses. Mais les nébuleuses stellaires ne donnant, comme on l'a vu, qu'un spectre
continu très faible, sans ligne distincte, échappent
par cela même à ce genre de recherches, que le savant astronome a dû restreindre aux seules nébu-

leuses gazeuses. Celles-ci, comme on vient de le
voir en effet, ont un spectre formé de trois ou quatre
raies brillantes, qui sont généralement des raies de
l'hydrogène ou de l'azote, et il a été possible de
comparer la position des plus brillantes et des mieux
définies aux raies terrestres de ces corps simples.
C'est une recherche très délicate et difficile, qui n'a
pas encore donné de résultats certains. Toutefois,
M. Huggins croit pouvoir conclure des mesures de
déviation qu'il a pu effectuer, qu'aucune des nébuleuses observées n'a une vitesse supérieure à 25 milles, soit 40 kilomètres par seconde, la vitesse de la
Terre comprise. Il donne les nombres suivants, pour
7 nébuleuses, qui toutes s'éloignent de notre système (correction faite du mouvement de notre planète à l'instant de l'observation) :

Nébuleuses gazeuses.	Vitesse d'éloignement.				
M2 (360 J. H)	17	milles ou	27	kil. par sec.	
(1970 H)	12	—	19	—	
(IV 37).	1	—	1,6	—	
(2000 H)	2	—	3,2	—	
M 57. (2023 H)	3	—	4,8	—	
(2047 H)	14	—	22	—	
(2241 H)	13	—	21	—	

La cinquième de cette liste est la fameuse nébuleuse annulaire de la Lyre. De son côté, M. Vogel a
trouvé pour le mouvement de la nébuleuse d'Orion,
qui s'éloigne aussi de la Terre, une vitesse d'environ
17 milles ou 27 kilomètres par seconde.

§ 5. — Existence démontrée des nébuleuses gazeuses, et par
conséquent légitimité de l'hypothèse de W. Herschel. —
Des transformations de la matière nébuleuse. — Formation
des centres de condensation. — Les nébuleuses gazeuses
sont des laboratoires de mondes.

Voilà donc une distinction bien positive, établie
par l'analyse spectrale entre les nébuleuses proprement dites. La légitimité d'une hypothèse si longtemps contestée se trouve établie, et l'on doit aujour-
d'hui considérer comme démontrée l'existence, dans
les espaces célestes, d'une matière qui n'est point
condensée en étoiles, et qui cependant brille d'une
lumière propre. Le spectre qu'elle donne indique
un gaz incandescent. Sous ce rapport, les nébuleuses gazeuses peuvent être comparées, sinon iden-
tifiées, soit à la matière de la chromosphère et des
protubérances solaires, soit à celle dont les atmosphères cométaires sont formées, ou encore à la
lumière zodiacale, si les observations de Respighi
sont confirmées. A la vérité, la constitution chimique
est différente, puisque l'azote et l'hydrogène sont les
deux corps simples constituants de la matière nébuleuse, tandis que c'est l'hydrogène pour la chromosphère et le carbone pour les comètes.

Il reste à savoir quelle est la forme ou la constitution physique de ces immenses agglomérations. Il
est peu probable qu'elles soient formées de masses
gazeuses continues, homogènes : dans ce cas, il faudrait supposer, pour expliquer les inégalités d'éclat
qu'on observe dans certaines nébuleuses, dans la
nébuleuse d'Orion par exemple, que les parties les

plus brillantes correspondent à des épaisseurs ou profondeurs de la nébulosité dans le sens du rayon visuel. Une explication qui nous semble plus admissible, est celle qui ferait des nébuleuses des agglomérations plus ou moins condensées de corpuscules incandescents, comme paraissent être les nébulosités cométaires. Les essaims d'étoiles filantes, qui traversent accidentellement ou périodiquement les régions interplanétaires, ne seraient-ils pas de petites nébuleuses, et n'auraient-ils pas pour origine une ou plusieurs nébuleuses gazeuses?

Si cette hypothèse était fondée, elle aurait cela de remarquable, qu'une connexion physique se trouverait établie entre les étoiles et les nébuleuses, entre celles-ci et notre étoile ou notre monde solaire. La définition de Laplace, qui faisait des comètes de petites nébuleuses errantes de système en système solaire, serait à peine modifiée, et il faudrait dire, en rattachant cette définition aux vues de Schiaparelli et de Hœck sur les comètes et leurs systèmes, que les comètes sont des fragments de quelques nébuleuses détachés par l'action prépondérante des masses stellaires composant le monde sidéral.

Maintenant, on peut apprécier les idées de W. Herschel sur la matière nébuleuse diffuse à leur juste valeur : ces grandioses hypothèses n'ont sans doute encore pas le caractère de vérités scientifiques démontrées, mais les recherches d'analyse spectrale leur ont certainement donné la plus haute vraisemblance.

S'étant arrêté définitivement à la pensée que certaines nébuleuses n'étaient point composées d'étoiles, qu'elles étaient de prodigieuses agglomérations d'une matière *sui generis*, brillant d'une lumière propre, il chercha à rendre compte des inégalités de condensation qu'il observait dans leurs diverses parties. Voici, d'après l'analyse qu'en a donnée Arago dans sa notice biographique sur Herschel, comment s'explique l'illustre astronome de Slough :

« La lumière de ces grandes taches laiteuses est généralement très faible et uniforme; çà et là seulement, on remarque quelques espaces *un peu plus brillants* [1] que le reste.

« A quoi faut-il attribuer cette augmentation d'intensité? Dépend-elle d'une plus grande *concentration* ou d'une plus grande *profondeur* de la matière nébuleuse? Le choix entre les deux explications n'est pas indifférent.

« Les places où, dans les grandes nébulosités, se remarque une lumière comparativement vive, ont d'ordinaire *peu d'étendue*. Si donc on veut attribuer le phénomène à une plus grande profondeur de la matière nébuleuse, il faudra concevoir qu'à chacun des points en question correspond une sorte de colonne de cette matière : colonne rectiligne, très resserrée, et *exactement dirigée vers la terre*. Cette spécialité de direction pourrait sembler possible

---

1. Quand on parcourt les nombreux dessins de nébuleuses donnés par les astronomes modernes, notamment ceux qui proviennent des observations avec le grand télescope de Parsonstown, on est frappé du nombre des nébuleuses irrégulières où de telles condensations lumineuses sont visibles et où la différence d'éclat est des plus tranchées. On en peut voir plusieurs exemples dans nos dessins, et notamment dans les nébuleuses spirales du Triangle, etc. Il est vrai que ces nœuds de lumière peuvent être de véritables amas stellaires; mais cette hypothèse n'est plus admissible pour les nébuleuses reconnues aujourd'hui gazeuses.

dans tel ou tel point particulier. Il n'en saurait être
ainsi ni pour l'ensemble des places rayonnantes cir-
conscrites qu'offre tout le firmament, ni même
pour les deux, les trois ou les quatre de ces places
qui se remarquent dans une seule nébuleuse. Il faut
donc admettre qu'il s'est produit une condensation,
une augmentation de densité dans certains points
des espaces nébuleux dont tout à l'heure nous cal-
culions la vaste étendue superficielle.

« Cette condensation est-elle l'effet d'une force
attractive, analogue à celle qui maîtrise, qui régit
tous les mouvements de notre système solaire? Tel
est le magnifique problème dont nous devons maintenant chercher la solution.

« Dans l'avenir, il suffira d'un double coup d'œil
jeté sur les nébuleuses de l'époque et sur les portraits, admirables de délicatesse et de fidélité [1], que
les astronomes en font aujourd'hui, pour décider si
le temps altère sensiblement les dimensions et les
formes de ces groupes mystérieux; mais l'antiquité
n'ayant laissé à cet égard aucun terme de comparaison, nous sommes réduits à attaquer le problème
par des voies indirectes. Cependant j'ai tout lieu de

---

1. Nous permettra-t-on de dire que l'illustre secrétaire perpétuel de l'Académie des sciences se faisait ici illusion, en
croyant à la possibilité de constater les variations des nébuleuses par une simple comparaison de dessins faits à deux
époques différentes? Il faudrait, pour cela, que des différences
notables ne se fissent point remarquer dans les dessins faits
par les astronomes contemporains; or de telles différences
existent et paraissent inévitables, même en supposant une
grande fidélité et une égale habileté de dessin dans les observateurs. Les conditions climatologiques varient d'un lieu, d'une
saison à l'autre, et l'inégal pouvoir de définition ou de puissance des instruments suffirait à expliquer de telles différences.

croire que la solution n'en paraîtra guère moins
évidente.

« Les phénomènes que doit amener l'existence
de divers centres d'attraction répandus sur toute
l'étendue d'une seule et vaste nébuleuse se déve-
lopperont dans cet ordre :

« Çà et là, la disparition de la lueur phosphorescente ; la naissance de solutions de continuité, de
déchirures dans le rideau lumineux primitif, résultat
nécessaire du mouvement de la matière vers les
centres attractifs ;

« L'agrandissement des déchirures, c'est-à-dire la
transformation d'une nébuleuse unique en plusieurs
nébuleuses distinctes, peu distantes les unes des
autres et liées quelquefois par des filets de nébulosité très déliés ;

« L'*arrondissement* du contour extérieur des nébuleuses séparées ; une augmentation plus ou moins
rapide de leur intensité de la circonférence au centre ;

« La formation à ce centre d'un noyau très apparent, soit par les dimensions, soit par l'éclat ;

« Le passage de chaque noyau à l'état stellaire
avec la persistance d'une légère nébulosité environnante ;

« Enfin, la précipitation de cette dernière nébulosité, et, pour résultat définitif, autant d'ÉTOILES
qu'il y avait dans la nébuleuse originaire de centres
d'attraction distincts.

« En combien de temps une seule et même nébuleuse pourrait-elle subir toute cette série de transformations? On l'ignore absolument. Ici, il faudrait
peut-être des millions d'années ; là, avec d'autres
conditions d'étendue, de densité et de constitution

physique de la matière phosphorescente [1], des périodes beaucoup plus courtes seraient suffisantes, comme l'apparition subite de l'étoile de 1572 semblerait l'indiquer.

« L'inégale rapidité des transformations conduit à une conséquence importante. En partant de cette base, il est évident que les nébuleuses, fussent-elles toutes du même âge, doivent, *dans leur ensemble*, offrir les diverses formes dont j'ai donné l'énumération. Vers telle région, les siècles auront à peine amené une accumulation visible de la matière phosphorescente autour de quelques centres d'attraction; vers telle autre région, grâce à un mouvement de concentration plus précipité, nous trouverons déjà des groupes de nébuleuses à noyau; des étoiles nébuleuses s'offriront enfin çà et là, comme le dernier échelon conduisant aux étoiles proprement dites.

« Tous ces états de la matière nébuleuse indiqués par la théorie, l'observation les avait révélés d'avance. L'accord est aussi satisfaisant qu'on puisse le désirer; seulement, au lieu de suivre les transformations pas

1. L'expression de *matière phosphorescente* n'indique probablement point, dans la pensée de W. Herschel ou de son commentateur, un état physique spécial de la nébulosité, analogue à celui où se trouvent les corps terrestres dont la lumière est ainsi désignée en physique. Du moins, rien n'autorise à le croire. L'expression en question, employée à diverses reprises, doit avoir simplement pour objet de peindre l'aspect de la lueur des nébuleuses proprement dites. Dans les nébuleuses stellaires, décomposées ou considérées comme résolubles, il y a, dans la structure de la nébulosité, des indices d'élancements stellaires; elle ressemble souvent à une poussière lumineuse, dont les points ne peuvent être distingués isolément, mais que l'observateur ne peut s'empêcher de soupçonner.

à pas dans une nébuleuse unique, on en a constaté
la marche et les progrès par des observations d'ensemble. N'est-ce pas ainsi qu'opère le naturaliste,
quand il est forcé de décrire, pour tous les âges, le
port, la taille, les formes, les apparences extérieures
des arbres composant les forêts qu'il traverse rapidement? Les modifications qu'un très jeune arbre
éprouvera, il les aperçoit d'un coup d'œil, nettement, sans aucune équivoque, sur les pieds de
la même essence arrivés déjà à des degrés de
croissance et de développement plus complets. »
(F. Arago, *Analyse historique et critique de la vie et
des travaux de sir William Herschel*, dans l'*Annuaire du Bureau des longitudes pour l'an* 1842.)

§ 6. — L'hypothèse nébuleuse et la nébuleuse solaire primitive. — La formation des mondes sidéraux comparée à la
formation de notre monde.

D'après la théorie cosmogonique de Laplace, le
Soleil et tous les corps, planètes et satellites, qui gravitent autour de lui, ont une commune origine. A
une époque excessivement reculée, toute la matière
dont ils sont composés formait une immense nébuleuse, ne présentant en aucune de ses parties
d'indice de condensation. La force répulsive qui provenait de la haute température de la masse gazeuse
d'une part, les distances de ses molécules d'autre
part, étaient telles, que la gravitation dont elles
étaient douées se trouvait annulée complètement.
    Dans la suite des siècles, le rayonnement de la
nébuleuse, en refroidissant ses diverses parties, de-

vait diminuer peu à peu leur force répulsive, et à la fin permettre à l'attraction de s'exercer de plus en plus. C'est ainsi que la nébulosité diffuse a dû finir par présenter un ou plusieurs centres de condensation. Il s'est passé, dans la nébuleuse solaire, le même phénomène que W. Herschel observait dans les nébuleuses proprement dites, c'est-à-dire la naissance d'un foyer de condensation lumineuse, la formation d'un noyau rayonnant, qui restait entouré à une distance considérable d'une sorte d'atmosphère gazeuse, analogue à celle dont les étoiles nébuleuses sont enveloppées.

Comment se sont formées ensuite les planètes, puis leurs satellites, pourquoi les mouvements de révolution ou de rotation de ces corps s'effectuent tous dans le sens de la rotation de la nébuleuse primitive, c'est ce que Laplace explique dans sa célèbre note de l'*Exposition du système du monde*, avec une simplicité et une rigueur admirables.

Ce n'est pas ici le lieu d'entrer dans les détails de cette théorie, que les découvertes plus récentes n'ont fait que confirmer, et qui a été heureusement développée et, à certains égards, complétée par divers astronomes contemporains ; mais, ce que nous tenons à faire remarquer, c'est la concordance des vues de W. Herschel sur le rôle des nébuleuses diffuses dans les formations stellaires, avec celles de Laplace sur l'origine de notre propre monde ; c'est aussi la confirmation des faits qui servent de base à ces théories, par les observations positives de l'analyse spectroscopique.

Il importe d'ajouter que cette idée, aussi simple que grandiose, de la transformation des nébuleuses

en étoiles, c'est-à-dire en corps susceptibles de
rayonner de la chaleur et de la lumière, est en par-
fait accord avec la branche nouvelle de la science
qui est constituée sous le nom de théorie mécanique
de la chaleur.

D'après cette théorie, aujourd'hui mathématique-
ment et expérimentalement démontrée, le mouvement, pas plus que la force qui en est la cause, ne
se détruisent : tout mouvement anéanti en apparence
se transforme et devient mouvement ondulatoire,
c'est-à-dire chaleur et lumière.

La condensation de la matière nébuleuse, c'est-à-
dire le rapprochement de ses parties sous l'influence
de la gravitation, était une première source de chaleur ; puis, entraient en jeu les forces chimiques,
nouvelle source de chaleur et de lumière. D'après
Helmholtz, le travail dû à la condensation de la nébuleuse solaire primitive a été transformé en chaleur pour les $\frac{453}{454}$ de sa valeur primitive, et cette
chaleur était si considérable qu'elle suffirait à élever
à la température de vingt-huit millions de degrés
centigrades une masse d'eau égale à la masse totale
du Soleil et des planètes. « Or, dit-il, on estime à
2000 degrés la plus haute température que nous
puissions produire à l'aide du chalumeau à oxygène,
avec laquelle nous fondons et volatilisons le platine,
et à laquelle ne résistent que peu de substances. Il
n'y a pas à se faire une idée des effets que peut réa-
liser une température de 28 millions de degrés. »

La condensation de la matière qui constitue aujourd'hui le Soleil, suffirait du reste à expliquer la
constance de sa radiation, alors même que l'on ne

ferait pas intervenir le jeu des affinités électriques et chimiques des molécules de sa masse. Les observations des phénomènes météorologiques et des climats prouvent que la température terrestre n'a pas diminué sensiblement depuis les temps historiques. D'autre part, on a calculé que si le diamètre du Soleil, par le fait de sa condensation, se raccourcissait de la dix-millième partie de sa valeur (c'est-à-dire de $0'',19$, quantité impossible à constater par les plus délicates observations astronomiques), la chaleur engendrée par cette condensation suffirait à entretenir pendant vingt-un siècles le rayonnement actuel.

C'est par centaines de millions d'années que se mesure la durée écoulée du rayonnement de l'étoile formée par la nébuleuse solaire. A quelle date doit donc remonter l'époque où cette nébuleuse ne présentait encore, comme plusieurs des nébuleuses gazeuses existantes, aucun indice de condensation? Et dans combien de millions de siècles, ces mêmes nébuleuses seront-elles entièrement transformées en étoiles isolées, doubles ou multiples, ou encore en amas stellaires? C'est une question à laquelle la science ne peut répondre, pas plus que l'imagination la plus aventureuse.

CHAPITRE VII

STRUCTURE DE L'UNIVERS VISIBLE

§ 1. — Quelle est la structure de la portion de l'univers
accessible au télescope?

Dans notre étude descriptive du *Monde sidéral*,
nous avons rencontré trois sortes d'objets : étoiles
éparses, disséminées sans lien apparent dans toutes
les régions du ciel et qu'on pourrait appeler étoiles
sporadiques; amas globulaires ou sphériques que
les télescopes décomposent entièrement en étoiles
distinctes, et dont les étoiles condensées sont main-
tenues sans doute autour d'un point central par
la force de gravitation; amas irréguliers, systèmes
stellaires dont la liaison physique, moins évidente,
est cependant probable; enfin nébuleuses, soit gazeuses, soit stellaires.

Nous avons dit tout ce qu'on sait des étoiles et des
nébuleuses, de leurs distances au monde solaire,
et de leurs mouvements, de leurs associations, de
leur constitution physique ou chimique. Il nous
reste à donner une idée de leur distribution dans

l'espace, à dire ce que la science, appuyée sur les observations accumulées de trois siècles, est parvenue à savoir sur les relations de positions et de distances des étoiles, des amas et des nébuleuses.

La question qui nous reste à traiter, aussi intéressante pour la science que pour la philosophie, est celle dont l'énoncé forme le titre de ce chapitre : *Structure de l'univers visible.*

§ 2. — Du nombre des étoiles existantes. — Recherches de Chéseaux et d'Olbers. — Imparfaite transparence des espaces célestes.

Y a-t-il une infinité d'étoiles ?

En posant cette question en tête de ce paragraphe, nous n'avons pas besoin d'avertir le lecteur de l'impossibilité d'une réponse rigoureusement positive. Dans tous les cas, cette réponse ne peut être que conjecturale : c'est une nécessité, dans tout problème où entre la notion de l'infini.

Le nombre des étoiles visibles à l'œil nu est relativement faible. Si nous ne possédions aucun moyen d'augmenter la puissance et la pénétration de notre vue, c'est seulement par milliers que nous aurions le droit de les compter. Tout au plus, en s'appuyant sur la difficulté où l'on est de distinguer les plus petits points lumineux, là où ils se pressent en plus grand nombre qu'ailleurs, et en soupçonnant certaines parties de la Voie lactée d'être en effet composées d'étoiles, les astronomes pourraient-ils émettre l'idée, comme l'ont fait du reste les anciens, que la Voie lactée en contient un nombre beaucoup plus grand que l'énumération positive ne permet de l'évaluer.

Mais l'invention des lunettes a prodigieusement étendu le nombre des étoiles : on sait qu'elles se comptent aujourd'hui, non plus par milliers, mais par millions. Toutefois l'esprit ne peut s'arrêter là. Partant de ce fait d'expérience, que les étoiles d'une région déterminée du ciel, d'ailleurs quelconque, sont de plus en plus nombreuses à mesure que les télescopes augmentent de puissance, il ne voit ou plutôt ne conçoit aucune limite à cet accroissement.

L'idée de l'innumérabilité des étoiles lui semble d'autant plus vraie, que ce n'est pas seulement le nombre des étoiles isolées ou distinctes qui croît ainsi, mais que le même phénomène se manifeste pour les nébuleuses, et qu'il est reconnu que les nébuleuses sont constituées, pour une bonne part, par des agglomérations d'étoiles.

Il ne paraît pas moins évident, et le calcul des probabilités ne permet point d'échapper à cette conséquence, que les étoiles des dernières grandeurs ne sont si petites, que par le fait d'un éloignement proportionné à leur diminution apparente d'éclat.

Cette double conception de l'infinité du ciel ou des espaces célestes, et de l'infinité du nombre des astres qui brillent, comme le Soleil, d'une lumière propre, s'impose donc à notre pensée, sans qu'il soit possible d'en démontrer la réalité. Il n'est pas plus facile, à la vérité, de démontrer l'opinion contraire, qui fait du ciel un espace limité, et n'admet qu'un nombre, considérable il est vrai, mais *fini* d'étoiles.

Cependant, on s'est efforcé de prouver que le

nombre des étoiles est limité, en s'appuyant sur des
considérations d'optique qui ont un certain intérêt ;
pour cette dernière raison, nous avons cru bon d'arrêter un instant l'attention de nos lecteurs sur la
question posée au début de ce paragraphe. Voici
quelles sont ces considérations :

Chéseaux, dans son *Mémoire sur la comète de 1744*,
et près d'un siècle plus tard Olbers, dans un mémoire *Sur la transparence de l'espace céleste*, sont
arrivés à cette même conclusion, à ce même di-
lemme, ou bien que la sphère des étoiles est finie,
et dès lors leur nombre, ou bien que la transparence
de l'espace n'est pas d'une perfection absolue.

Supposons le nombre des étoiles infini [1], il en
résultera de toute évidence que, dans toutes les directions possibles, un rayon visuel aboutira à une
étoile, et que tous les points de la voûte céleste, sans
exception, brilleront de la même lumière, du même
éclat qu'une étoile ou que notre propre Soleil, si
toutefois, quelle que soit la distance, la lumière
stellaire se propage sans affaiblissement aucun.

Dans la double hypothèse, de l'existence d'une
infinité d'étoiles, et de l'absolue transparence des
espaces célestes, le ciel serait donc une voûte uniformément et complètement lumineuse.

Il y a lieu de dire avec Olbers : « Félicitons-nous
de ce que la nature a arrangé les choses autrement,
et que chaque point de la voûte céleste n'envoie pas
à la Terre une lumière aussi vive que celle du Soleil.

1. Il faudrait au moins un quatrillion ou un million de milliards d'étoiles égales en dimensions apparentes à Sirius pour
couvrir la voûte entière du ciel. Il n'y a que quinze ou vingt
étoiles de première grandeur; mais qu'est-ce qu'un quatrillion
devant l'infini?

Sans considérer l'éclat insupportable et la chaleur exorbitante qui régnerait, je ne veux mentionner que l'astronomie imparfaite au dernier degré, qui resterait alors à la portée des habitants de la Terre. Nous ne saurions rien du ciel étoilé, nous pourrions à peine découvrir notre Soleil à l'aide de ses taches, et à peine distinguer la Lune et les planètes, comme des disques plus opaques sur le fond éblouissant du ciel. Faut-il donc abandonner l'idée d'une infinité de systèmes d'étoiles fixes, parce que la voûte céleste ne brille point de l'éclat du Soleil? Faut-il restreindre ces mondes à une portion insignifiante de l'espace infini? Nullement. » Olbers démontre en effet, qu'il suffit d'admettre que la transparence du ciel n'est pas absolue, pour concilier l'apparence réelle de la voûte étoilée avec l'idée de l'infinité de l'espace et des mondes. Cet aspect s'explique aisément, ajoute-t-il, par la seule hypothèse que la lumière émanée d'une étoile perd un huit-centième de son intensité, en traversant une distance égale à celle de Sirius au Soleil [1].

Ce résultat a été confirmé par des recherches dues à W. Struve sur le nombre des étoiles visibles dans les télescopes comparé à celui que devrait donner l'observation, si le pouvoir de pénétration de ces instruments était bien celui qu'indique la

[1]. Arago, dans son *Astronomie populaire*, fait remarquer qu'il existe sans doute, au sein des espaces célestes, un grand nombre de corps obscurs, comme les planètes, et que « l'ensemble de toutes ces étoiles obscures et opaques doit former comme une enveloppe indéfinie en dehors de laquelle rien ne peut être visible, les rayons de chaque étoile située au delà des dernières parties constituantes de cette enveloppe rencontrant sur leur route un écran qui les arrête. »

théorie. L'éminent astronome de Poulkowa arrive ainsi à cette conséquence « que l'intensité de la lumière décroît en plus grande proportion que la raison inverse des carrés des distances; ce qui veut dire qu'il existe une perte de lumière, une extinction, dans le passage de la lumière par l'espace céleste. » (*Etudes d'astronomie stellaire.*)

La transparence de l'espace n'étant point absolue, il faut en conclure que rien n'empêche de penser qu'il n'y a aucune limite au nombre des étoiles.

§ 3. — Distribution des étoiles visibles à l'œil nu. — Premier indice de condensation des étoiles, vers le plan de la Voie lactée.

Les étoiles non réunies en amas sont-elles distribuées au hasard sur la voûte céleste, ou mieux dans les profondeurs de l'espace? Non, et cela est évident avant tout examen de détail, puisque nous savons déjà que la Voie lactée, dont la zone entoure le ciel entier, est presque uniquement composée d'étoiles. Il y a là un plan de condensation stellaire si marqué, que c'est à lui que vont se rapporter nécessairement toutes les mesures relatives à la richesse en étoiles des diverses régions célestes. Mais comme la Voie lactée se compose principalement d'étoiles, invisibles séparément, dès qu'on ne se sert plus du télescope, il reste à savoir si l'accumulation stellaire de la zone galactique a lieu également pour les étoiles des six ou sept premiers ordres de grandeur, c'est-à-dire des étoiles visibles à l'œil nu.

« Si l'on ne considère, dit sir J. Herschel, que les

trois ou quatre classes les plus brillantes, on trouve
que ces étoiles sont distribuées sur la sphère à peu de

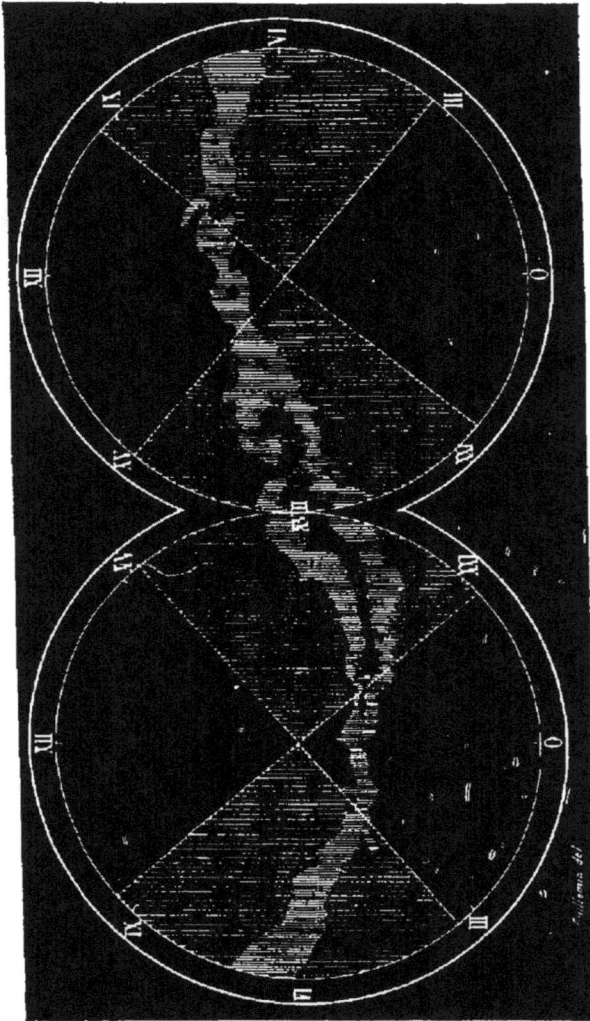

Fig. 58. — Distribution des étoiles de la première à la septième grandeur, d'après Schwinck. — Coïncidence des maxima avec la Voie lactée.

chose près uniformément ; toutefois, on peut observer une prédominance marquée dans leur nombre,
particulièrement dans l'hémisphère austral, le long

d'une zone qui suit la direction d'un grand cercle passant par ε d'Orion et α de la Croix du Sud. Mais, si nous faisons le compte de toutes les étoiles visibles à l'œil nu, nous devrons constater un rapide accroissement de nombre, à mesure qu'on approche des bords de la Voie lactée. » On a cherché à mettre cette dernière augmentation en évidence de plusieurs manières. Voici d'abord, d'après Schwinck, comment se répartissent les 12148 étoiles de la première à la septième grandeur, dont ce savant avait marqué les positions sur sa carte céleste :

Ascension droite.		Nombre d'étoiles.
De	3^h20^m à 9^h20^m	3147
—	9^h20^m à 12^h20^m	2627
—	15^h20^m à 21^h20^m	3523
—	21^h20^m à 3^h20^m	2851

On peut voir, en jetant les yeux sur la figure 58, que les régions des deux hémisphères qui renferment le plus d'étoiles, sont celles que la Voie lactée couvre dans sa plus grande étendue. Il est vrai que les nombres précédents renferment les étoiles de septième grandeur, qui ne sont pas visibles à l'œil nu.

Les recherches de W. Struve sur la répartition des étoiles des neuf premiers ordres dans une zone de 30° de largeur (de + 15° à — 15° de déclinaison), selon les heures d'ascension droite, indiquent deux maxima principaux, m et m', pour les étoiles des six premiers ordres : l'un, entre les heures IV et V, l'autre entre les heures XVIII et XIX. Le premier n'est pas éloigné des points où la Voie lactée rencontre la zone; il n'y a pas toutefois coïncidence exacte, comme cela se voit pour le second maximum. La figure 59, qui donne la courbe des variations des nombres d'étoiles visibles à l'œil nu dans cette zone, montre clairement la façon dont elles s'y trouvent distribuées.

Sir J. Herschel a publié, dans ses *Observations du Cap*, le résultat de ses recherches sur la distribution des étoiles de tout ordre, non plus suivant l'ascension droite, mais selon la distance des étoiles au cercle galactique ou à ses pôles. On va voir que ce résultat est très significatif pour les étoiles inférieures à la neuvième grandeur; mais il est beaucoup moins probant pour les étoiles visibles à l'œil nu, ou même pour celles des sept et huit premiers ordres d'éclat. Les nombres qui expriment la densité relative des zones parallèles à la Voie lactée, en allant de 15⁰ en 15⁰ à partir du pôle galactique austral, sont les suivants, en ce qui concerne les étoiles des sept premiers ordres :

Distances des zones au pôle sud de la Voie lactée.			Densités stellaires relatives.
0⁰	à	15⁰	465
15	—	30	486
30	—	45	459
45	—	60	293
60	—	75	276
75	—	90	633
90	—	105	375
105	—	120	615
120	—	135	294
135	—	150	0

Cercle galactique { (devant les lignes 75—90 et 90—105)

Il y a bien un maximum dans la zone australe de 15⁰ de large, qui comprend la Voie lactée, mais il s'en faut que le nombre des étoiles aille croissant

LES NÉBULEUSES

du pôle sud au cercle, et la loi n'est pas mieux marquée du côté du nord. Il semble bien résulter des
statistiques précédentes, qu'il y a plus d'étoiles visi-

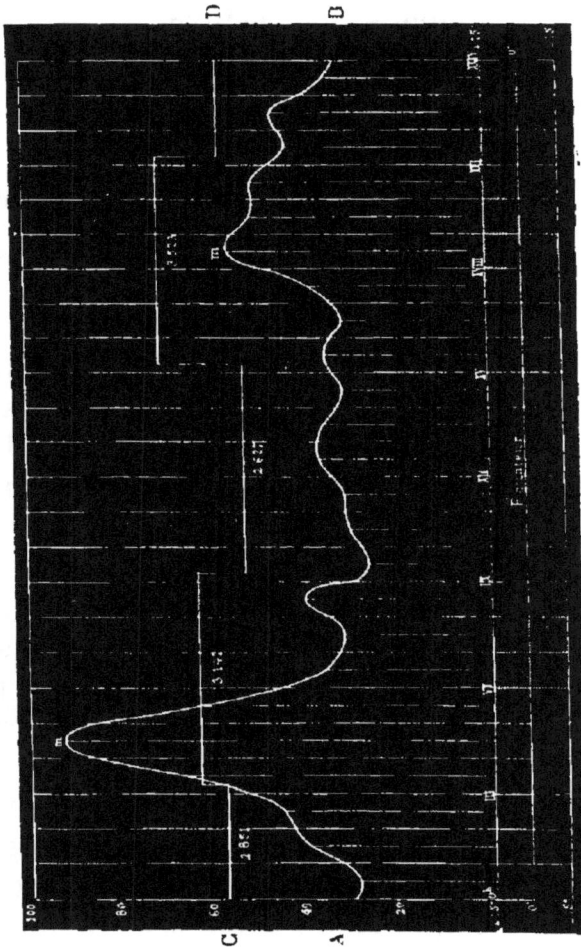

Fig. 59. — Distribution en ascension droite des étoiles des six et sept premières grandeurs. — CD. Nombre d'étoiles des grandeurs 1 à 7, d'après Schwinck. — AB. Courbe stellaire dans une zone équatoriale de + 15° à — 15°, d'après W. Struve.

bles à l'œil nu dans la Voie lactée que dans le reste
du ciel; mais il n'est pas prouvé qu'il y ait une augmentation depuis les pôles galactiques jusqu'aux

limites boréales ou australes de la zone. On va voir, au contraire, que cette loi de condensation, que l'on peut contester pour les étoiles des sept à huit premiers ordres, ou visibles à l'œil nu, est des plus marquées pour les étoiles plus petites, et qu'elle l'est, d'autant plus, qu'on descend davantage dans l'ordre des grandeurs.

§ 4. — Distribution des étoiles télescopiques. — Le Soleil fait partie d'un amas stellaire de la Voie lactée, dont les composantes comprennent les étoiles des onze premières grandeurs.

La figure 59 donne la répartition des étoiles, jusqu'à la sixième grandeur, selon les heures d'ascension droite pour une zone qui s'étend à 15° de part et d'autre de l'équateur. Une courbe analogue a été tracée dans la planche L de notre ouvrage *Le Ciel*, d'après les mêmes recherches de W. Struve, mais appliquées à toutes les étoiles télescopiques de la première à la neuvième grandeur. Il est aisé de voir, par la comparaison de ces courbes, que la condensation est également marquée dans les régions de la zone que traverse la Voie lactée ; la seule différence est que les maxima ne tombent point sur les mêmes heures. Pour les étoiles visibles à l'œil nu, c'est la Ve et la XIXe heure qui sont les plus riches ; pour les étoiles des neuf premiers ordres de grandeur, c'est dans la VIe et la XVIIIe heure, que tombent les plus fortes densités stellaires. L'influence du voisinage de la Voie lactée n'en paraît pas moins évidente pour les unes comme pour les autres.

Mais cette loi se manifeste bien plus clairement, si l'on prend, comme l'a fait sir J. Herschel, le plan ou cercle galactique pour équateur stellaire, et si l'on cherche la loi de distribution des étoiles dans des zones parallèles à ce cercle et s'étendant de part et d'autre jusqu'aux pôles de la Voie lactée. On a vu, dans le paragraphe précédent, que la loi de

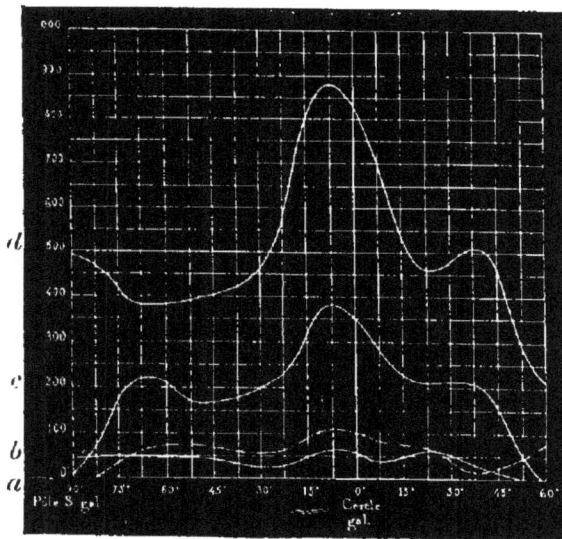

Fig. 60. — Distribution des étoiles rapportées au cercle et aux pôles galactiques. — *a*. Courbe des étoiles des 7 premières grandeurs. — *b*. Étoiles de la huitième grandeur. — *c*. Étoiles de la neuvième grandeur. — *d*. Etoiles de la dixième grandeur.

condensation est pour ainsi dire insensible, tant que l'on ne considère que les étoiles visibles à l'œil nu, et même les étoiles des huit premières grandeurs. Mais à mesure que l'on considère des étoiles d'un plus faible éclat, la richesse comparative des zones, voisines de la Voie lactée, devient plus frappante. « Pour les étoiles de neuvième et de dixième gran-

deur, dit J. Herschel, l'accroissement, bien qu'indiqué sans équivoque sur une zone de 30° de largeur
de part et d'autre de la Voie lactée, n'a pourtant
rien de remarquable. Avec les étoiles de la onzième
grandeur, il commence à devenir apparent, quoique
faible encore, si on le compare avec celui que présente l'ensemble des étoiles de grandeurs inférieures
à la onzième; ces étoiles, en effet, comprennent les
seize dix-septièmes de la totalité des étoiles que
renferme la zone de 30° dont on vient de parler. »
Herschel tire de là deux conclusions. La première,
c'est que les étoiles les plus brillantes sont réellement, prises en masses, plus voisines de nous que
les plus petites, sans quoi le nombre des étoiles
très brillantes devrait croître en proportion du
nombre ou de la densité stellaire des régions du
ciel que l'on considère; dans la Voie lactée, il devrait donc y avoir une prépondérance numérique
d'étoiles des premières grandeurs. La deuxième
conclusion est que la profondeur à laquelle est
plongé notre système dans la strate d'étoiles qui
constitue la Voie lactée, comptée à partir de la
limite australe de la strate, est égale à la distance
des étoiles de neuvième à dixième grandeur, et
ne dépasse certainement pas celle des étoiles de
onzième.

En résumé, il résulte des considérations qui précédent, que les étoiles visibles à l'œil nu et la plupart des étoiles inférieures jusqu'à la onzième grandeur, sont à peu près également distribuées tout
autour de notre système; que, dès lors, elles constituent un amas dont notre propre Soleil fait partie;
que cet amas enfin est partie intégrante du système

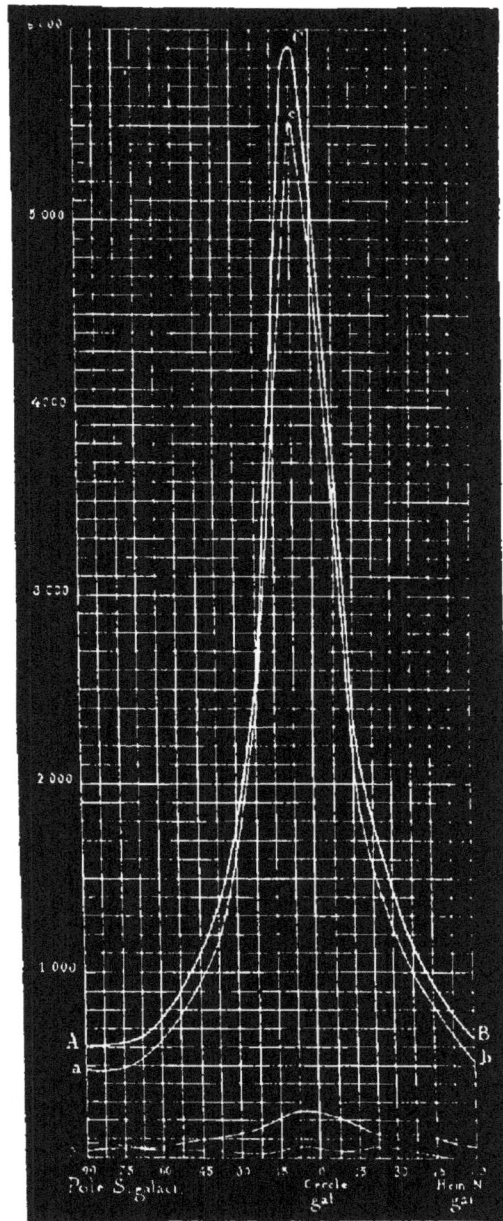

Fig. 61. — Distribution des étoiles relativement au plan et aux pôles de la Voie Lactée. — Étoiles de la neuvième, dixième, onzième, douzième grandeurs et au-dessous.

d'ordre supérieur formé par la Voie lactée tout entière. Il nous reste à voir comment se distribuent les autres amas d'étoiles, et s'ils ont, avec le système galactique, une connexion pareille à celle que nous venons de signaler.

Auparavant, arrêtons-nous un instant à cette idée que les étoiles des onze premières grandeurs constituent, très vraisemblablement, un amas stellaire. Le nombre des étoiles composantes de cette immense agglomération n'est probablement pas inférieur à un million. Les plus riches amas que nos télescopes décomposent, quoique admirables déjà par leur abondance d'étoiles, le cèdent de beaucoup, sous ce rapport, à l'amas au sein duquel se trouve plongé notre Soleil. Si, doués d'un pouvoir de déplacement qui rivalise avec la vitesse de la lumière ou mieux la dépasse, il nous était donné de pénétrer en des régions du ciel suffisamment éloignées, notre amas nous apparaîtrait comme le plus splendide de tous ceux qui ornent, pour nos yeux, l'univers visible.

Cependant ce n'est qu'un fragment, l'un des éléments constituants de la Voie lactée. Qu'est donc l'univers lui-même, dans la portion de ce tout sublime que nos sens arrivent à percevoir?

Si la pensée seule de ces effrayants abîmes nous écrase, d'autre part, n'avons-nous pas le droit de nous dire : « Ces profondeurs célestes, que nous essayons de mesurer, en entassant les unes derrière les autres, les étoiles, ces mondes solaires, et les nébuleuses, ces associations de mondes, que notre curiosité brûle de contempler de près, en réalité nous les connaissons. Qu'est-ce en effet que le globe que nous foulons aux pieds, si ce n'est un habitant, un voyageur du ciel? Qu'est-ce qui nous sépare de ce ciel? Rien que la mince pellicule aérienne qui enveloppe la Terre : au delà de l'atmosphère est l'éther céleste.

Que nous apprendrait de plus un voyage à l'une des étoiles de notre amas stellaire? Sans doute, en quittant nos régions planétaires, nous verrions d'autres terres; nous admirerions en passant des globes différents du nôtre, plus volumineux, plus riches en satellites; nous saurions ce qu'est cet appendice bizarre des anneaux saturniens. Peut-être, en abordant d'autres plages sidérales, aurions-nous le spectacle d'autres soleils, d'une lumière ou d'une couleur contrastant avec le nôtre; mais de là, c'est à peine si rien serait changé de l'aspect du ciel. Les mêmes étoiles, les mêmes nébuleuses nous paraîtraient seulement changer de situations relatives, selon la grandeur et la direction de notre propre déplacement.

Allons, par la pensée, jusqu'au sein d'un de ces amas stellaires que le télescope nous fait connaître, dans l'amas d'Hercule, je suppose. Eh bien, le spectacle ne serait-il pas tout pareil à celui que nous contemplons de la Terre, puisque, comme nous venons de le voir, nous sommes en effet, nous, notre Terre, ou mieux notre Soleil, un des individus constituants d'un immense amas d'étoiles.

Nous n'avons point à chercher le ciel ailleurs que dans le lieu même où la nature nous a fait naître. C'est dans le ciel même que nous vivons : *in eo movemur, vivimus et sumus!*

Rappelons-nous d'ailleurs que la Terre est en com-

munication incessante avec les régions du monde
solaire, comme avec les régions des mondes sidéraux. Que sont ces étoiles filantes qui viennent périodiquement s'allumer dans notre atmosphère? Ce
sont des poussières de comètes, des fragments de
nébuleuses. Et les aérolithes qui, de temps à autre,
viennent nous montrer des échantillons de la matière des autres astres? Ne savons-nous point qu'il
en est, parmi eux, qui sont animés à leur passage
d'une telle vitesse que leurs orbites sont certainement des hyperboles? Voilà donc des visiteurs de
l'univers sidéral! En route depuis des centaines de
mille années, ils ont été détachés depuis ce temps,
qui nous paraît si long, bien qu'il ne soit qu'un moment de l'éternelle durée, de quelqu'une de ces
nébuleuses gazeuses, dont le spectroscope donne
l'analyse chimique?

Nous connaissons donc, autant qu'il est possible
de les connaître, ces régions que notre insatiable
curiosité voudrait voir de près, et qui, vues de
près, nous donneraient précisément le spectacle
dont nous admirons chaque nuit la grandeur et la
sublimité.

La richesse, la magnificence du ciel, de ses millions de soleils, est donc aussi grande que possible,
de cette Terre, de ce grain de sable, de cet imper-
ceptible globe d'où nous pouvons la contempler. Nos
méthodes, mathématiques et physiques, nos instruments qui agrandissent nos sens et leur donnent
une précision de mesure incomparable, notre raison
enfin qui nous permet de nous élever d'un petit
nombre de données d'observation jusqu'à la conception des lois de la nature et de l'organisation de

ses systèmes, voilà tout ce qu'il nous faut pour découvrir, lentement il est vrai, la constitution de l'univers, ou tout au moins de la portion de l'univers
qui nous est accessible.

Revenons donc à la loi de distribution des nébuleuses et des amas dans leur rapport avec la grande
zone lactée.

§ 5. — Distribution des amas stellaires et des nébuleuses. —
La Voie lactée est principalement composée d'amas. —
Structure de l'univers visible. — Systèmes de nébuleuses.

Pour nous faire une idée de la manière dont les
nébuleuses sont réparties à la surface du ciel, nous
allons nous appuyer sur un remarquable travail, dû
à un astronome anglais, M. Cleveland Abbe, et dont
les conclusions sont basées sur l'analyse du catalogue général de sir J. Herschel.

Ce catalogue comprend 5076 objets, qui, ainsi que
nous l'avons dit dans la note de la page 32, se décomposent en 1034 amas stellaires, ou nébuleuses
résolubles, et en 4042 nébuleuses irréductibles.
Comment ces différents objets se distribuent-ils
dans l'espace?

Pour répondre à cette question, M. Abbe partage
d'abord la surface entière du ciel en trois zones
principales : la première est la Voie lactée; la seconde comprend toute la partie du ciel située au
nord de la Voie lactée; la troisième est la zone
située au sud. Toutefois, dans cette troisième partie,
il met à part les régions particulières qui constituent les Nuées de Magellan, le Grand et le Petit
Nuages. Le tableau suivant montre la distribution

des nébuleuses et amas, en supposant à la Voie
lactée une largeur moyenne de 10⁰ :

ZONES OU RÉGIONS.	NOMBRE DES AMAS ET NÉBULEUSES.					
	Aires.	Amas stell.	Amas glob.	Nébul. résol.	Nébul.	Totaux
Au N. de la Voie lactée.	180	150	31	262	2351	2794
Dans la Voie lactée. .	30	254	19	12	73	358
Au S. de la Voie lactée.	130	76	35	80	1356	1547
Dans le Grand-Nuage.	15	52	14	36	248	350
Dans le Petit-Nuage. .	5	3	3	7	25	38
Totaux. .	360	535	102	397	4053	5087

Pour se rendre compte de la distribution, il faut
évidemment rapporter les nombres qui précèdent à
la surface qu'occupe chaque zone, leurs aires ou
surfaces apparentes étant très inégales, ainsi que
l'indiquent les nombres de la première colonne.
Nous avons fait le calcul, d'abord en cherchant la
densité générale, les nébuleuses et les amas étant
confondus; puis, séparément, d'une part pour les
amas et nébuleuses résolubles, c'est-à-dire pour les
objets de nature stellaire, d'autre part pour les
nébuleuses seules, regardées comme irréductibles.
En voici le résultat :

ZONES ET RÉGIONS CÉLESTES : DENSITÉS COMPARÉES DES RÉGIONS DU CIEL

	en nébuleuses et amas stel. réunis.	en amas stellaires.	en nébuleuses irréductibles.
Au N. de la Voie lactée . .	1.098	0.853	1.160
Dans la Voie lactée	0.845	3.308	0.213
Au S. de la Voie lactée . .	0.843	0.512	0.615
Dans le Grand-Nuage . . .	1.650	3.967	1.468
Dans le Petit-Nuage. . . .	0.538	0.906	0.444

La signification des nombres donnés par ces ta-
bleaux n'est pas douteuse.

En ne considérant d'abord que les nombres absolus donnés par le premier tableau, il est visible que les amas stellaires, globulaires ou autres, se trouvent en plus grand nombre dans la Voie lactée que dans le reste du ciel, boréal ou austral; tandis que le contraire se présente pour les nébuleuses, peu nombreuses dans la Voie lactée, et fort répandues dans les deux autres zones. Sous ce rapport, les deux Nuées magellaniques participent à la constitution de ces dernières et sont aussi plus riches en nébuleuses qu'en amas. Mais, comme les aires occupées par ces différentes régions célestes sont fort inégales, il est plus instructif de comparer les densités relatives; c'est ce que permet le second tableau, où l'on a pris pour unité, dans chaque colonne, la densité du ciel tout entier. La première colonne, où nébuleuses et amas se trouvent confondus, ne donne qu'une simple indication; c'est que l'hémisphère boréal est plus riche que l'hémisphère austral, si l'on fait abstraction des deux Nuées de Magellan, et aussi que la Voie lactée elle-même.

La comparaison des deux dernières colonnes est plus significative. Elle prouve que la région de la Voie lactée est quatre fois aussi riche en amas et nébuleuses stellaires que la zone boréale, et plus de six fois autant que la zone australe; elle dépasse même à ce point de vue l'une et l'autre des Nuées magellaniques. Au contraire, la Voie lactée est très pauvre en nébuleuses, tandis que les régions extérieures, celle du nord notamment, prennent sur elle, à cet égard, une supériorité marquée.

La Voie lactée a, en plusieurs points, une largeur supérieure à 10⁰; M. Abbe a donc jugé intéressant

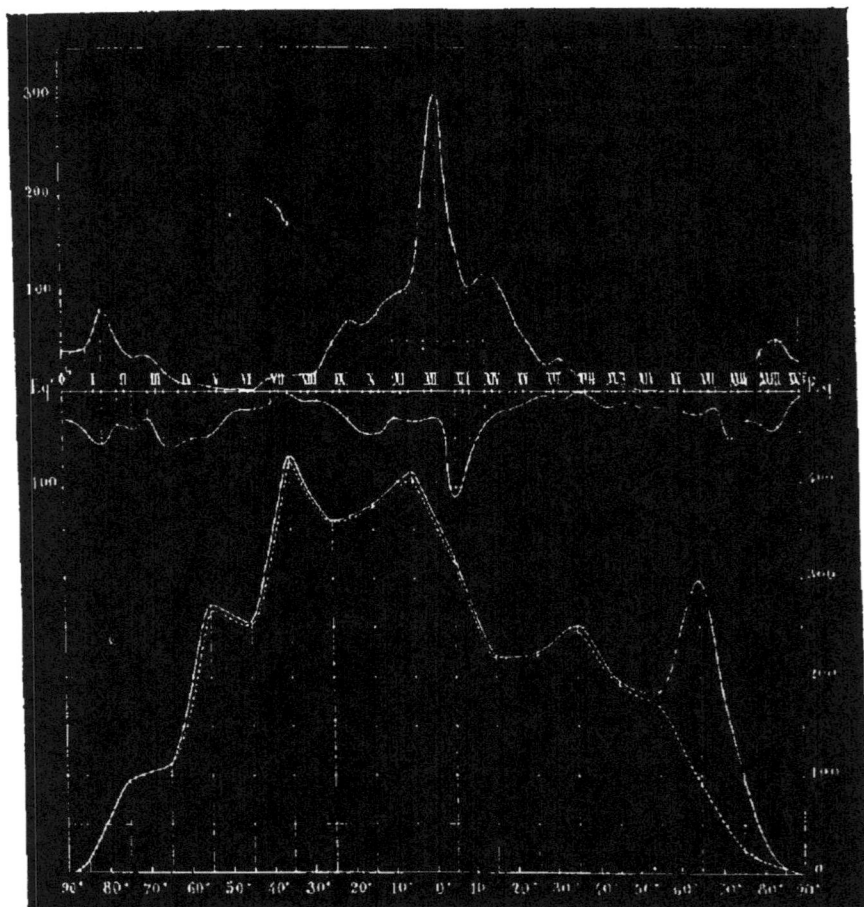

Fig. 62. — Courbes de distribution des nébuleuses, d'après M. Clevelan Abbe : 1° suivant les ascensions droites ; 2° suivant les déclinaisons.

d'étendre cette largeur à 30⁰, et de voir comment se répartissent encore, dans cette hypothèse, les amas et les nébuleuses. Nous extrayons seulement de son tableau, les nombres relatifs aux trois régions principales, en mettant de côté ceux des Nuées de Magellan, qui ne changent point. En voici le résumé :

	NOMBRES		DENSITÉS RELATIVES	
	des amas et néb. stellaires	des nébul. irreductibles.	en amas et néb. stellaires.	en nébul. irréductibles.
Au N. de la Voie lactée.	281	2215	0.693	1.332
Dans la Voie lactée. .	512	255	2.368	0.287
Au S. de la Voie lactée.	126	1299	0.425	0.781
Totaux. .	919	3769		

La richesse de la Voie lactée en objets stellaires sa pauvreté en nébuleuses ressort toujours, bien que moins marquée, du nouveau tableau, tandis que les deux régions du ciel situées au nord et au sud de la zone conservent leur supériorité en nébuleuses et leur infériorité en amas.

Au reste, on pourra, en jetant un coup d'œil sur les deux hémisphères célestes de la planche L (que nous avons indiquée plus haut) juger de la répartition des nébuleuses et des amas, soit dans la Voie lactée, soit en dehors, soit dans les Nuées de Magellan. Les résultats de l'intéressante statistique comparée, que nous venons de donner d'après M. Abbe, s'y liront clairement et suffiront pour apprécier les importantes conclusions qu'il en tire.

Voici maintenant ces conclusions :

« I. Les amas font partie de la Voie lactée, et sont plus rapprochés de nous que la moyenne de ses faibles étoiles. — II. Les nébuleuses résolues et non résolues se trouvent en général en dehors de la Voie lactée, qui par conséquent est essentiellement stellaire. — III. L'univers visible se compose de sys-

tèmes, dont la Voie lactée, les deux Nuées de Magellan[1] et les nébuleuses sont autant d'individus ; ces'
systèmes sont formés eux-mêmes d'étoiles (simples,

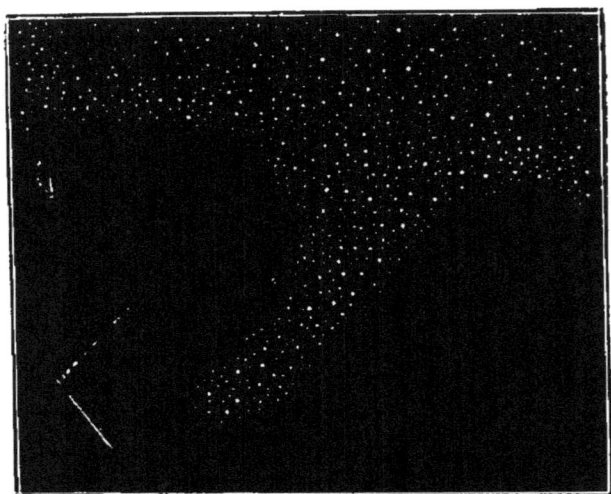

Fig. 63. — Un amas stellaire ou fragment de la Voie lactée, voisin
de la queue du Scorpion ; d'après sir J. Herschel.

multiples, ou groupées en amas) et de corps gazeux
de formes tantôt régulières, tantôt irrégulières. »

Cette composition, presque exclusivement stellaire, de la Voie lactée, est d'autant plus remar-

1. Il y a cependant une distinction à faire entre les Nuées
de Magellan et la Voie lactée, en ce qui concerne leur composition. Tandis que les amas prédominent dans cette dernière, dans les deux nuages au contraire, ce sont les nébuleuses qu'on trouve en plus grand nombre. Sur 350 objets,
le Grand-Nuage renferme 66 amas seulement et 284 nébuleuses ; en réunissant aux amas les nébuleuses résolubles, on
trouve encore 248 nébuleuses contre 102 groupes stellaires.
Dans le Petit-Nuage, 6 amas contre 32 nébuleuses, ou même
13 groupes stellaires et 25 nébuleuses. La question est de
savoir si les nébuleuses de ces groupes sont gazeuses.

quable que, basée sur les catalogues les plus complets et donnant la connaissance du ciel tout entier, elle est conforme aux vues que W. Herschel émettait il y a plus de soixante ans, en s'appuyant sur un nombre bien plus restreint d'observations. Dans son Mémoire de 1811, l'illustre astronome de Slough trouvait, sur 263 amas, 225 amas situés dans la Voie lactée, tandis que 38 seulement étaient en dehors de la grande zone : la proportion était de 6 à 1 environ. Laissant en effet de côté les deux Nuées, qui sont des objets exceptionnels, la statistique de M. Abbe donne 477 amas dans la Voie lactée et 88 en dehors : la proportion est à peu de chose près la même, 5,4 à 1. Herschel concluait alors que la Voie lactée est « une collection immense d'étoiles, surtout irrégulièrement condensées. »

En examinant une carte des nébuleuses des deux hémisphères, où les nébuleuses et les amas seraient figurés par des points de couleurs différentes (comme dans la planche L du *Ciel*), on constate aisément la distribution de ces deux sortes d'objets, leur groupement à l'intérieur comme au dehors de la Voie lactée, et l'accumulation si remarquable des nébuleuses dans l'hémisphère nord de la zone. Il y a là, dans le voisinage du pôle nord galactique, des régions particulièrement riches en nébuleuses : la Vierge, la Chevelure de Bérénice sont les plus intéressantes de ces régions. On peut constater aussi que la condensation n'est pas uniforme et que les nébuleuses forment, dans l'un et l'autre hémisphère, des sortes de traînées, et en certains points des groupes qui ont quelque analogie avec les Nuées de Magellan. Dans la composition de ces traînées, il

Fig. 64. — Région nébuleuse de la Vierge, fragment d'un dessin de M. Proctor.

est visible que les nébuleuses et les amas se trouvent mêlés.

Les deux figures 64 et 65, reproduites d'après deux dessins de M. Proctor, représentent les régions nébuleuses de la Vierge et de la Chevelure de Bérénice, dont il vient d'être question. Le savant anglais fait remarquer, avec raison, que les innombrables étoiles disséminées dans les mêmes espaces célestes forment elles-mêmes des traînées, des files de points lumineux, et que les nébuleuses paraissent associées à cette disposition, qui ne semble pas être due au simple hasard de la perspective.

Enfin, outre la double accumulation des amas dans la Voie lactée, et des nébuleuses hors du cercle galactique, il est facile de reconnaître nettement une autre région, celle-là pauvre à la fois en nébuleuses et en amas, laquelle longe en grande partie la Voie lactée, au delà de ses deux limites, boréale et australe : il y a là un contraste extrêmement remarquable entre la richesse des régions précédentes, et cette zone de pauvreté nébulaire. Quelle est la signification de ce vide relatif qui sépare la région des amas de celles des nébuleuses?

On peut répondre à cette question par trois hypothèses : ou bien, dans la zone dont nous parlons, les nébuleuses et les amas sont plus dispersés, moins condensés qu'ailleurs ; ou bien l'univers visible s'étend moins dans cette direction que dans le sens perpendiculaire au plan galactique; ou enfin la zone de pauvreté nébuleuse indiquerait que, dans cette direction, les nébuleuses sont plus éloignées de nous que dans les autres régions; et leur distance seule les rendrait invisibles. Mais cette dernière hypothèse n'est pas probable, parce que l'accroissement du pouvoir télescopique n'a pas sensiblement accru la richesse de la zone en question. Restent donc les deux premières hypothèses. M. Abbe ne mentionne que la seconde et la regarde comme probable. Il pense que le plan galactique coupe à angle droit le grand axe d'un ellipsoïde allongé, ayant dès lors les mêmes pôles que la Voie lactée, à l'intérieur duquel se trouvent uniformément réparties les 4134 nébuleuses connues, abstraction faite des deux Nuées, qu'il regarde comme des nébuleuses accidentellement plus voisines de nous que les autres. Le Soleil, ou plutôt la Voie lactée, aurait une position excentrique dans cet ellipsoïde, plus rapprochée du sud que du nord; et du nombre comparé des nébuleuses de chaque côté, M. Abbe conclut que le rapport des distances est à peu près celui des nombres 4 et 27.

Maintenant, les nébuleuses et la Voie lactée elle-même forment-elles un système unique, ou bien y a-t-il autant de systèmes distincts que de nébuleuses? Ce sont là des questions que la science abordera peut-être fructueusement un jour, mais qu'il est bien difficile, sinon impossible aujourd'hui, de traiter et à plus forte raison de résoudre, sans sortir du pur domaine des conjectures [1].

1. D'intéressantes notes ont été publiées dans les journaux astronomiques, notamment dans les *Monthly notices*, sur le problème de la structure de l'univers, « the Structure of Heavens ». Mais une analyse, même très abrégée de ces recherches, nous eût conduit trop loin. Nous renvoyons aux sources le lecteur désireux de les connaître, nous bornant à donner, dans le paragraphe qui va suivre, un exposé historique des idées des astronomes sur ce magnifique problème.

Fig. 65. — Région nébuleuse de la Chevelure de Bérénice, d'après
un dessin de M. Proctor.

§ 6. — Premières hypothèses sur la structure de l'univers,
de Galilée à W. Herschel (1785). — Conclusion générale.

De grands esprits, des hommes d'une haute science
et d'un génie élevé, ont cependant émis, depuis deux
siècles, des vues d'une valeur incontestable sur la
structure de l'Univers. A l'origine, la spéculation
avait sans doute plus de part que la science, que
les observations ou les faits, à ces grandioses hypothèses. Mais il n'en est pas moins intéressant d'en
donner une idée, par un exposé rapide et sommaire ;
on verra ainsi quels progrès se sont accomplis, dans
la manière de concevoir le monde, depuis deux
cents ans.

C'est l'invention et l'application des lunettes à
l'observation du ciel étoilé, qui fut et qui devait être
le point de départ des spéculations de ce genre.
Deux noms se présentent tout d'abord à nous, Galilée et Képler. Galilée se borne à exprimer l'importance de la découverte d'un grand nombre d'étoiles,
jusqu'alors inconnues, nombre qui avait plus que
décuplé celui des étoiles fixes observées à l'œil nu ;
il ajoute que ce n'est pas un faible avantage, que
celui d'avoir montré aux sens la vraie nature de la
Voie lactée et mis fin aux discussions qui s'élevaient
à ce sujet.

Képler va plus loin que Galilée. Il conçoit le grand
anneau stellaire de la Voie lactée et toutes les étoiles
disséminées au dehors, comme un tout, un système, dont le Soleil, le cœur de l'Univers, occupe à
peu près le centre. Les étoiles, moins éloignées les
unes des autres que le Soleil n'est lui-même de

chacune d'elles, remplissent tout l'espace compris
entre deux sphères concentriques limitées intérieu-
rement par le vide ou concavité dont nous occupons
le centre, extérieurement aussi par le vide. Nous
avons déjà vu comment, en s'appuyant sur des
spéculations harmoniques, le grand astronome était
arrivé à évaluer la distance des étoiles les plus
voisines. W. Struve dit avec raison que les spéculations de Képler, quelque éloignées qu'elles
soient des idées généralement admises aujourd'hui
sur la structure de l'Univers, en contiennent cependant le premier germe.

Huygens, sans aborder ce grand problème, combat
les idées de Képler sur les étoiles fixes, qu'il croit
distribuées uniformément dans l'espace, et d'ailleurs
aussi distantes les unes des autres qu'elles le sont
du Soleil. Il généralise la conception du système
solaire, assimile les étoiles au Soleil, et en fait les
corps centraux d'autant de systèmes semblables.

Un demi-siècle s'écoule encore, et les idées se
précisent en s'agrandissant. Pour Kant, les étoiles
sont, comme pour Huygens, autant de systèmes
solaires; mais ces systèmes ne sont pas isolés, liés
par l'action mutuelle de la gravitation qui s'exerce
dans l'universalité des cieux; le grand philosophe
conçoit la Voie lactée elle-même comme un système
d'un ordre supérieur, dont le plan principal joue le
même rôle que le zodiaque dans le système planétaire. Poursuivant cette analogie, Kant pense que la
Voie lactée doit posséder à son centre un corps
prépondérant qui est peut-être Sirius, corps jouant
dans l'ensemble le rôle du Soleil dans le monde
planétaire. Enfin, il y a dans l'Univers d'autres

Voies lactées que la nôtre; les nébuleuses de forme
elliptique, que les télescopes sont impuissants à
résoudre en étoiles, sont probablement de tels systèmes, que leur immense éloignement réduit à
d'aussi faibles dimensions apparentes. Les Voies
lactées sont elles-mêmes les membres de systèmes
d'un ordre plus élevé.

Les idées de Lambert sur la structure de l'Univers
ont beaucoup d'analogie avec celles de Kant. Cependant elles constituent un progrès. Pour lui, le Soleil
et les étoiles sont bien autant de systèmes planétaires et cométaires; mais, de ce premier ordre de
dépendance, il ne passe point directement à la Voie
lactée. Le Soleil, avec les étoiles éparses, forme un
amas sphérique; de pareils amas existent en grand
nombre, tous rangés dans le plan principal de la
zone galactique; la Voie lactée, formée par cette
accumulation d'amas stellaires, constitue donc un
système du troisième ordre. Lambert passe ensuite
aux systèmes de Voies lactées, et ainsi de suite, le
lien commun de tous ces systèmes étant toujours
la gravitation universelle.

Quand on songe au peu de données que l'observation avait recueillies à l'époque (1755) où Lambert émettait des vues d'une hardiesse si remarquable, on est frappé à la fois de la puissance de cet
esprit et de l'exactitude relative de ses conceptions.

Jusque-là, les théories de la structure de l'Univers
n'étaient basées que sur un petit nombre de faits
d'observation, d'où l'on déduisait, par voie conjecturale, des vues plus ou moins arbitraires. Avec
W. Herschel, la question fut abordée avec non

moins de hardiesse, mais d'une façon beaucoup
plus positive. D'immenses matériaux d'observations
accumulés devaient être le point de départ des vues
du grand astronome.

Dès 1785, Herschel formulait ces vues de la manière suivante. Deux hypothèses sont le fondement
de ce premier système : la première consiste à
admettre qu'en moyenne les étoiles sont uniformément distribuées dans l'espace, de sorte que, si
l'Univers visible était sphérique et avait le Soleil au
centre (idée de Képler), la richesse stellaire serait
la même dans toutes les directions. L'existence de
la Voie lactée détruit de toute évidence cette dernière supposition, de sorte que, dans tout le pour-
tour de cette zone, les dimensions de l'Univers sont
beaucoup plus étendues qu'ailleurs ; une immense
strate, à peu près cylindrique, d'étoiles, d'une épaisseur très petite en comparaison de l'étendue diamétrale, constitue la Voie lactée. Si l'hypothèse de
l'égale distribution des étoiles est vraie, il est clair
que le dénombrement stellaire à l'aide d'un télescope d'une suffisante puissance, fera reconnaître
l'étendue du ciel dans les différents sens, et par
conséquent déterminera, à la fois, les dimensions
de la Voie lactée et sa forme.

De là l'immense travail entrepris par Herschel,
celui des *jaugeages* du ciel, des *jauges* d'étoiles, à
l'aide du grand télescope de 20 pieds, dont le champ
montrait seulement la 833 000e partie de la voûte
céleste. C'est la zone comprise entre 45° de déclinaison boréale et 30° de déclinaison australe (à peu
près les 5/8 du ciel) qu'il explora ainsi ; mais il
n'observa que 3400 champs (nombre énorme déjà)

et en déduisit 683 jauges moyennes exprimant la
densité stellaire des régions correspondantes. Cette
densité variait considérablement : telle jauge donnant en moyenne
moins d'une étoile,
telle autre en four-
nissant près de 600,
c'est-à-dire, dans
l'hypothèse adop-
tée par Herschel,
le rayon visuel s'é-
tendant dans un
cas jusqu'à une dis-
tance 46 (l'unité
étant la moyenne
distance de Sirius
ou des étoiles de
premier ordre), tan-
dis que, dans l'au-
tre, elle atteignait
497 unités, près de
11 fois la première.

Le résultat de
ces premières re-
cherches fut que
la Voie lactée est
un amas ramifié et

Fig. 66. — Coupe de la Voie lactée, d'après le système de W. Herschel, de 1785.

très étendu, contenant des millions d'étoiles, dont
la section peut être représentée par la figure 66.
On y voit que le lieu du Soleil se trouve à peu près
au centre de gravité de la strate, les étoiles visibles
à l'œil nu étant celles que réunit un petit cercle
tracé autour du Soleil comme centre. Quant aux

dimensions de la Voie lactée, elles s'étendent en longueur jusqu'à 817 millions de rayons de l'orbite terrestre (de la Licorne à l'Aigle), tandis que son épaisseur, dans le sens perpendiculaire (d'un pôle galactique à l'autre, ou de la Chevelure de Bérénice à la Baleine), serait 5 fois et 1/2 moins grande ou de 150 millions de rayons de l'orbite terrestre. Ainsi, pour traverser cette épaisseur d'outre en outre, la lumière met au moins 2300 ans; il ne lui faut pas moins de 12520 années pour franchir le plus grand diamètre de la nébuleuse.

Pour W. Herschel, les nébuleuses comme celles d'Orion, d'Andromède sont des voies lactées; il évalue la distance de la seconde à 2000 fois la distance des étoiles de première grandeur; mais Struve fait observer avec raison que, si les dimensions de cette nébuleuse égalaient celles de la Voie lactée, c'est à 6000 fois cette distance qu'elle serait reléguée dans l'espace. Il faudrait 97000 ans à la lumière pour venir de telles profondeurs jusqu'à nous. Et dès lors, quand nos télescopes nous montrent la nébuleuse d'Andromède, c'est l'état de la nébuleuse, il y a 970 siècles, que nous contemplons!

Le système ou la théorie de W. Herschel, dont on vient de lire le résumé, repose sur les deux hypothèses de l'uniforme distribution des étoiles dans l'espace, et de la pénétration du télescope employé pour les jauges, jusqu'aux limites de la Voie lactée. Mais à partir de 1785, où le grand observateur formula ses vues, et jusqu'en 1818, de nouvelles études, des observations plus nombreuses, de nouvelles méditations le détournèrent peu à peu de sa première conception, et finirent par la lui faire aban-

donner complètement. C'est dans cet intervalle, que
fut reconnue la liaison physique des couples d'étoiles, puis celle des étoiles des amas, et enfin la composition de la Voie lactée elle-même, formée d'une
multitude d'amas d'étoiles, plus ou moins régulièrement condensés. D'autre part, W. Herschel trouva
qu'en plusieurs régions, le télescope de 20 pieds
(front view) et même le télescope de 40 pieds, dont
le pouvoir de pénétration atteignait jusqu'à 2300 fois
la distance des étoiles de première grandeur, étaient
cependant l'un et l'autre impuissants à résoudre la
Voie lactée en étoiles. La strate stellaire est donc
insondable ; ses limites ne peuvent être connues ; et
comme la nécessité de l'abandon de la première
hypothèse ne permet plus de considérer les jauges,
ou le degré de pauvreté ou de richesse stellaire,
comme des indices ou des mesures de la distance,
il fut obligé de reconnaître que les limites assignées
à la Voie lactée dans le système de 1785 étaient in-
suffisantes.

Pour base de ses nouvelles recherches, Herschel
adopta alors le principe photométrique de l'égalité
moyenne des éclats stellaires, dont il a été question
quand nous avons parlé des distances relatives des
étoiles de diverses grandeurs. Il étudia à ce point
de vue la structure de la Voie lactée, la distance
probable des amas dont elle est formée, et celle des
amas extérieurs, reconnut que la portion de la strate
stellaire la plus voisine du Soleil est celle qui traverse Orion, évalua son épaisseur, qu'il trouva dépasser de beaucoup l'étendue de la vue simple, et
arriva à cette conséquence, que nous avons énoncée
déjà, à savoir : « que non seulement notre Soleil,

mais toutes les étoiles visibles à l'œil nu, sont profondément plongées dans la Voie lactée et en font partie intégrante. »

Nous avons vu que M. Struve[1] reprit les recherches d'Herschel sur les distances des étoiles des divers ordres de grandeur, et modifia les nombres trouvés, en tenant compte de l'extinction probable de la lumière dans l'espace. Malgré l'atténuation qui en résulte pour les distances, les conséquences déduites des analyses d'Herschel restent vraies dans leur énoncé général, et il en est de même de tout ce que nous avons dit des distances probables des amas stellaires et de toutes les nébuleuses résolubles.

Nous nous bornerons à cet exposé des données que la science est parvenue à réunir en combinant des milliers de laborieuses observations, sur le problème de la structure et des dimensions, non pas de l'Univers entier, — ces dimensions sont inexprimables, — mais de la portion de l'Univers que les télescopes nous ont fait connaître, et qui est seulement l'Univers visible. Tout n'est pas dit sans doute sur cette question grandiose, et, en ces derniers temps, ainsi qu'on l'a vu dans le paragraphe qui précède, divers savants ont cherché à pénétrer plus avant et

1. Ce savant astronome a évalué la distance du Soleil au plan principal de la Voie lactée. On a vu plus haut que ce plan n'est pas un grand cercle de la sphère, mais un parallèle, ce qui prouve la position excentrique du Soleil dans le plan. Or, d'après Struve, cette distance est relativement faible. Elle n'est que la cent dix-neuvième partie de la distance des étoiles de huitième grandeur, les 21 centièmes de la distance des étoiles de la première grandeur, en un mot, égale environ à 108,000 rayons de l'orbite terrestre.

à étendre les solutions ébauchées. Nous avons plus haut analysé quelques-unes de ces recherches. Il nous suffira, pour terminer, de donner un court résumé qui permettra à chacun de nous de nous représenter l'Univers ainsi limité dans son majestueux ensemble.

Dans les profondeurs de l'espace sans bornes, existent de nombreuses agglomérations d'étoiles, qui sont comme les archipels de cet océan indéfini : la Voie lactée est un de ces archipels, celui dont le système solaire ou plutôt l'amas qui contient ce système fait partie ; le télescope en découvre un grand nombre de semblables sous la forme de nébuleuses. Chacune de ces voies lactées est elle-même formée d'une multitude d'amas, où les soleils se groupent comme en autant de systèmes dont la condensation est plus prononcée que dans l'ensemble de la nébuleuse. Les étoiles sont les individus de ces associations de mondes, et notre Soleil ou notre étoile, ainsi que la plupart des étoiles visibles à l'œil nu, sont de simples composantes d'un amas stellaire plongé tout entier dans la Voie lactée. Mais dans le sein de chacun de ces amas se trouve encore la tendance au groupement ; et les étoiles doubles et multiples sont des systèmes plus simples de deux, de trois ou de plusieurs soleils, gravitant les uns autour des autres.

Outre les amas stellaires, il existe d'autres grandes agglomérations, formées de matière non condensée, à l'état de gaz lumineux, ou encore à l'état de corpuscules solides ou liquides incandescents. Doit-on les considérer comme formant les matériaux de fu-

tures étoiles, ou bien comme les résidus de mondes
en dissolution? Ces deux conjectures sont permises,
ajoutons : sont probables.

Là se bornerait ce qu'on peut savoir, ou simplement conjecturer, de la structure générale de l'Univers visible, si nous ne faisions nous-mêmes partie
d'un des plus simples de ces mondes solaires, si
l'étude du système planétaire et de son organisation
variée, ne nous apprenait quel rôle peut jouer l'un
de ces millions de corps célestes, qui se meuvent
dans l'espace en projetant au loin leurs rayons de
chaleur et de lumière. Nous sommes induits à penser que chacun de ces groupes élémentaires se sub-
divise en groupes plus petits, en systèmes de corps
qui gravitent autour d'un corps central, offrant le
spectacle toujours merveilleux d'un monde en mi-
niature : l'étude détaillée de ces mondes, de ces terres,
satellites ou planètes, tels que les offre le système
dont notre planète fait partie, devrait donc précéder,
dans notre description du ciel, celle des systèmes
semblables de l'univers sidéral; ce sera l'objet d'un
volume spécial de notre encyclopédie. Cette étude
fournit en effet un terme de comparaison; mais qui
sait ce que nous révélerait l'étude des soleils qui
peuplent l'étendue, s'il nous était donné de pénétrer dans la sphère d'action de chacun d'eux, et
d'observer les phénomènes dont cette sphère est le
théâtre? Nous y trouverions sans doute, en même
temps que de frappantes analogies, des différences
de composition, de mouvement, de structure des
corps célestes qui les composent, et dont la connaissance du monde solaire est impuissante à nous
donner l'idée. Mais, si l'imagination a le droit de

former sur ce sujet toutes les conjectures, il n'en est pas de même de la science, dont la méthode sévère rejette, sans les condamner, les hypothèses, qui n'ont point pour base les faits d'observation et les conséquences tirées des faits par un raisonnement rigoureux.

Ici se termine la partie purement descriptive de la tâche que nous avions en vue, en écrivant ces deux volumes de notre collection LES ÉTOILES et LES NÉBULEUSES, celle qui avait pour objet de donner un tableau des phénomènes de l'Univers sidéral, d'après les connaissances astronomiques actuelles. Les phénomènes sont les matériaux de la science; la simple description peut en être attachante, surtout quand ils ont la grandeur des phénomènes astronomiques. Mais l'étude des lois auxquelles ils sont soumis, des causes physiques de ces lois, a, pour tous ceux qui pensent, un attrait, un intérêt encore plus puissant, seul capable de satisfaire le besoin, la soif de connaître, qui est le plus noble des attributs de l'humanité. Je ne sais si je me trompe, mais j'espère que plus d'un lecteur voudra pénétrer un peu plus avant, et ne sera point fâché de comprendre, autant qu'il est possible sans préparation scientifique préalable, les lois qui régissent les mouvements célestes et rendent raison des phénomènes les plus complexes, lois simples et sublimes, dont la conquête est, pour les savants qui les ont reconnues et pour la raison humaine, un éternel honneur! Un exposé, même élémentaire, de ces lois, une explication raisonnée des principales théories astronomiques, des développements sur

les méthodes usitées dans la science, sur les instruments et moyens d'observation, demanderaient plus
d'espace que n'en comprend ce volume même. Nous
nous réservons de publier ultérieurement un volume spécial, qui sera le complément de la partie
astronomique de cette encyclopédie populaire, et
qui aura principalement pour objet l'exposé des lois
et de la théorie.

FIN

TABLE DES FIGURES

TABLE DES MATIÈRES

LES NÉBULEUSES.

CHAPITRE PREMIER

APERÇU HISTORIQUE SUR LA DÉCOUVERTE DES NÉBULEUSES.

CHAPITRE II

LES NÉBULEUSES RÉSOLUBLES. AMAS STELLAIRES.

CHAPITRE III

LES NÉBULEUSES RÉGULIÈRES.

CHAPITRE IV

LES NÉBULEUSES IRRÉGULIÈRES.

FIN DE LA TABLE DES MATIÈRES.

Coulommiers. — Typ. P. BRODARD et GALLOIS.

CONDITIONS DE VENTE ET D'ABONNEMENT

LE JOURNAL DE LA JEUNESSE paraît le samedi de chaque semaine. Le prix du numéro, comprenant 16 pages grand in-8°, est de **40** centimes.

Les 52 numéros publiés dans une année forment deux volumes.

Prix de chaque volume, broché, **10** francs; cartonné en percaline rouge, tranches dorées, **13** francs.

Pour les abonnés, le prix de chaque volume du *Journal de la Jeunesse* est réduit à **5** francs broché.

PRIX DE L'ABONNEMENT

POUR PARIS ET LES DÉPARTEMENTS

Un an (2 volumes)............. .... **20** FRANCS
Six mois (1 volume)............. ... **10** —

Prix de l'abonnement pour les pays étrangers qui font partie de l'Union générale des postes : Un an, **22** fr.; six mois, **11** fr.

Les abonnements se prennent à partir du 1ᵉʳ décembre et du 1ᵉʳ juin de chaque année.

MON JOURNAL

SIXIÈME ANNÉE

NOUVEAU RECUEIL MENSUEL ILLUSTRÉ

POUR LES ENFANTS DE 5 A 10 ANS

PUBLIÉ SOUS LA DIRECTION DE

Mme Pauline KERGOMARD et de M. Charles DEFODON

CONDITIONS DE VENTE ET D'ABONNEMENT :

Il paraît un numéro le 15 de chaque mois depuis le 15 octobre 1881.

Prix de l'abonnement : Un an, 1 fr. 80; prix du numéro, 15 centimes.

Les sept premières années de ce nouveau recueil forment sept beaux volumes grand in-8°, illustrés de nombreuses gravures. La première année est épuisée ; la huitième est en cours de publication.

Prix de l'année, brochée, 2 fr. ; cartonnée en percaline gaufrée, avec fers spéciaux à froid, 2 fr. 50.

Prix de l'emboîtage en percaline, pour les abonnés ou les acheteurs au numéro, 50 centimes.

NOUVELLE COLLECTION ILLUSTRÉE

POUR LA JEUNESSE ET L'ENFANCE

1ʳᵉ SÉRIE, FORMAT IN-8° JÉSUS

Prix du volume : broché, **7 fr.** ; cartonné, tranches dorées, **10 fr.**

About (Ed.) : *Le roman d'un brave homme.* 1 vol. illustré de 52 compositions par Adrien Marie.

— *L'homme à l'oreille cassée.* 1 vol. illustré de 51 compositions par Eug. Courboin.

Cahun (L.) : *Les aventures du capitaine Magon.* 1 vol. illustré de 72 gravures d'après Philippoteaux.

— *La bannière bleue.* 1 vol. illustré de 73 gravures d'après Lix.

Deslys (CHARLES) : *L'héritage de Charlemagne.* 1 vol. illustré de 127 gravures d'après Zier.

Dillaye (FR.) : *Les jeux de la jeunesse,* leur origine, leur histoire, avec l'indication des règles qui les régissent. 1 vol. illustré de 203 gravures.

Du Camp (MAXIME) : *La vertu en France.* 1 vol. illustré de gravures d'après DUEZ, MYRBACH, TOFANI et E. ZIER.

Rousselet (LOUIS) : *Nos grandes écoles militaires et civiles.* 1 vol. illustré de gravures d'après A. LE-MAISTRE, FR. RÉGAMEY et P. RENOUARD.

2ᵉ SÉRIE, FORMAT IN-8° RAISIN

Prix du volume : broché, **4 fr.** ; cartonné, tranches dorées, **6 fr.**

Assollant (A.) : *Montluc le Rouge.* 2 vol. avec 107 grav. d'après Sahib.

— *Pendragon.* 1 vol. avec 42 gravures d'après C. Gilbert.

Auerbach : *La fille aux pieds nus.* Nouvelle imitée de l'allemand par J. Gourdault. 1 vol. avec 72 gravures d'après Vautier.

Baker (S. W.) : *L'enfant du naufrage,* traduit de l'anglais par Mᵐᵉ Fernand. 1 vol. avec 10 gravures.

Blandy (Mᵐᵉ S.) : *Rouzélou.* 1 vol. illustré de 112 gravures d'après E. Zier.

Cahun (L.) : *Les pilotes d'Ango.* 1 vol. avec 45 gravures d'après Sahib.

— *Les mercenaires.* 1 vol. avec 54 gravures d'après P. Fritel.

Chéron de la Bruyère (Mᵐᵉ) : *La tante Derbier.* 1 vol. illustré de 50 gravures d'après Myrbach.

Colomb (Mᵐᵉ) : *Le violoneux de la sapinière.* 1 vol. avec 85 gravures d'après A. Marie.

— *La fille de Carilès.* 1 vol. avec 96 gravures d'après A. Marie. Ouvrage couronné par l'Académie française.

— *Deux mères.* 1 vol. avec 133 gravures d'après A. Marie.

— *Le bonheur de Françoise.* 1 vol. avec 112 gravures d'après A. Marie.

— *Chloris et Jeanneton.* 1 vol. avec 105 gravures d'après Sahib.

— *L'héritière de Vauclain.* 1 vol. avec 104 grav. d'après C. Delort.

— *Franchise.* 1 vol. avec 113 gravures d'après C. Delort.

— *Feu de paille.* 1 vol. avec 98 gravures d'après Tofani.

— *Les étapes de Madeleine.* 1 vol. avec 105 gravures d'après Tofani.

Colomb (Mme) : *Denis le tyran.* 1 vol. avec 115 gravures d'après Tofani.

— *Pour la muse.* 1 vol. avec 105 gravures d'après Tofani.

— *Pour la patrie.* 1 vol. avec 112 gravures d'après E. Zier.

— *Hervé Plémeur.* 1 vol. avec 112 gravures d'après E. Zier.

— *Jean l'innocent.* 1 vol. illustré de 112 gravures d'après Zier.

— *Danielle.* 1 vol. illustré de 112 gravures d'après Tofani.

Cortambert (E.) : *Voyage pittoresque à travers le monde.* 1 vol. avec 81 gravures.

— *Mœurs et caractères des peuples* (Europe, Afrique). 1 vol. avec 69 gr.

— *Mœurs et caractères des peuples* (Asie, Amérique, Océanie). 1 vol. avec 60 gravures.

Cortambert et Deslys : *Le pays du soleil.* 1 vol. avec 35 gravures.

Daudet (E.) : *Robert Darnetal.* 1 vol. avec 81 grav. d'après Sahib.

Demoulin (Mme G.) : *Les animaux étranges.* 1 vol. avec 172 gravures.

— *Les gens de bien.* 1 vol. avec 32 gravures d'après Gilbert.

— *Les maisons des bêtes.* 1 vol. avec 70 gravures.

Deslys (Ch.) : *Courage et dévouement.* Histoire de trois jeunes filles. 1 vol. avec 31 gravures d'après Lix et Gilbert.

— *L'Ami François.* 1 vol. avec 35 gr.
— *Nos Alpes*, avec 39 gravures d'après J. David.

— *La mère aux chats.* 1 vol. avec 50 gravures d'après H. David.

Énault (L.) : *Le chien du capitaine.* 1 vol. avec 43 gravures d'après E. Riou.

Erwin (Mme E. d') : *Heur et malheur.* 1 vol. avec 50 gravures d'après H. Castelli.

Fath (G.) : *Le Paris des enfants.* 1 vol. avec 60 gravures d'après l'auteur.

Fleuriot (Mlle Z.) : *M. Nostradamus.* 1 vol. avec 36 gravures d'après A. Marie.

— *La petite duchesse.* 1 vol. avec 73 gravures d'après A. Marie.

— *Grandcœur.* 1 vol. avec 45 gravures d'après C. Delort.

— *Raoul Daubry*, chef de famille. 1 vol. avec 32 gravures d'après C. Delort.

— *Mandarine.* 1 vol. avec 95 gravures d'après C. Delort.

— *Cadok.* 1 vol. avec 21 gravures d'après C. Gilbert.

— *Câline.* 1 vol. avec 102 grav. d'après G. Fraipont.

— *Feu et flamme.* 1 vol. avec 80 gravures d'après Tofani.

— *Le clan des têtes chaudes.* 1 vol. illustré de 65 gravures d'après Myrbach.

— *Au Galadoc.* 1 vol. illustré de 60 gravures d'après Zier.

Girardin (J.) : *Les braves gens.* 1 vol. avec 115 gravures d'après E. Bayard.

Ouvrage couronné par l'Académie française.

— *Nous autres.* 1 vol. avec 182 gravures d'après E. Bayard.

— *Fausse route.* 1 vol. avec 55 grav. d'après H. Castelli.

— *La toute petite.* 1 vol. avec 128 gravures d'après E. Bayard.

— *L'oncle Placide.* 1 vol. avec 139 gravures d'après A. Marie.

— *Le neveu de l'oncle Placide.* 3 vol. illustrés de 367 gravures d'après A. Marie, qui se vendent séparément.

— *Le neveu de l'oncle Placide,*

—. *Grand-père.* 1 vol. avec 91 gravures d'après C. Delort.

Ouvrage couronné par l'Académie française.

Girardin (J.) : *Maman*. 1 vol. avec 112 gravures d'après Tofani.

— *Le roman d'un cancre*. 1 vol. avec 119 gravures d'après Tofani.

— *Les millions de la tante Zézé*. 1 vol. avec 112 grav. d'après Tofani.

— *La famille Gaudry*. 1 vol. avec 112 gravures d'après Tofani.

— *Histoire d'un Berrichon*. 1 vol. avec 112 gravures d'après Tofani.

— *Le capitaine Bassinoire*. 1 vol. illustré de 119 gravures d'après Tofani.

— *Second violon*. 1 vol. illustré de 112 gravures d'après Tofani.

Giron (AIMÉ) : *Les trois rois mages*. 1 vol. illustré de 60 gravures d'après Fraipont et Pranishnikoff.

Gouraud (Mⁱˡᵉ J.) : *Cousine Marie*. 1 vol. avec 36 gravures d'après A. Marie.

Hayes (le Dʳ) : *Perdus dans les glaces*, traduit de l'anglais, par L. Renard. 1 vol. avec 58 gravures d'après Crépon, etc.

Henty (G.) : *Les jeunes francs-tireurs*, traduit de l'anglais, par Mᵐᵉ Rousseau. 1 vol. avec 20 gravures d'après Janet-Lange.

Kingston (W.) : *Une croisière autour du monde*, traduit de l'anglais par J. Belin de Launay. 1 vol. avec 44 gravures d'après Riou.

Nanteuil (Mᵐᵉ P. de) : *Capitaine*. 1 vol. illustré de 72 gravures d'après Myrbach.

Paulian (L.) : *La hotte du chiffonnier*. 1 vol. avec 47 gravures d'après J. Férat.

Rousselet (L.) : *Le charmeur de serpents*. 1 vol. avec 68 gravures d'après A. Marie.

— *Le fils du connétable*. 1 vol. avec 113 gravures d'après Pranishnikoff.

— *Les deux mousses*. 1 vol. avec 90 gravures d'après Sahib.

Rousselet (L.) : *Le tambour du Royal-Auvergne*. 1 vol. avec 115 gravures d'après Poirson.

— *La peau du tigre*. 1 vol. avec 102 gravures d'après Bellecroix et Tofani.

Saintine : *La nature et ses trois règnes, ou la mère Gigogne et ses trois filles*. 1 vol. avec 171 gravures d'après Foulquier et Faguet.

— *La mythologie du Rhin et les contes de la mère-grand*. 1 vol. avec 160 gravures d'après G. Doré.

Stanley (H.) : *La terre de servitude*, traduit de l'anglais par Levoisin. 1 vol. avec 21 gravures d'après P. Philippoteaux.

Tissot et Améro : *Aventures de trois fugitifs en Sibérie*. 1 vol. avec 72 gravures d'après Pranishnikoff.

Tom Brown, scènes de la vie de collège en Angleterre. Imité de l'anglais par J. Girardin. 1 vol. avec 69 grav. d'après G. Durand.

Witt (Mᵐᵉ de), née Guizot : *Scènes historiques*. 1ʳᵉ série. 1 vol. avec 18 gravures d'après E. Bayard.

— *Scènes historiques*. 2ᵉ série. 1 vol. avec 28 gravures d'après A. Marie.

— *Lutin et démon*. 1 vol. avec 36 gravures d'après Pranishnikoff et E. Zier.

— *Normands et Normandes*. 1 vol. avec 70 gravures d'après E. Zier.

— *Un jardin suspendu*. 1 vol. avec 39 gravures d'après C. Gilbert.

— *Notre-Dame Guesclin*. 1 vol. avec 70 gravures d'après E. Zier.

— *Une sœur*. 1 vol. avec 65 gravures d'après E. Bayard.

— *Légendes et récits pour la jeunesse*. 1 vol. avec 18 gravures d'après Philippoteaux.

— *Un nid*. 1 vol. avec 63 gravures d'après Ferdinandus.

— *Un patriote au quatorzième siècle*. 1 vol. illustré de gravures d'après E. Zier.

BIBLIOTHÈQUE DES PETITS ENFANTS
DE 4 A 8 ANS
FORMAT GRAND IN-16
CHAQUE VOLUME, BROCHÉ, 2 FR. 25
CARTONNÉ EN PERCALINE BLEUE, TRANCHES DORÉES, 3 FR. 50
Ces volumes sont imprimés en gros caractères.

Cheron de la Bruyère (Mᵐᵉ): *Contes à Pépée.* 1 vol. avec 24 gravures d'après Grivaz.
— *Plaisirs et aventures.* 1 vol. avec 30 gravures d'après Jeanniot.
— *La perruque du grand-père.* 1 vol. illustré de 30 gravures, d'après Tofani.
— *Les enfants de Boisfleuri.* 1 vol. illustré de 30 gravures d'après Semechini.

Colomb (Mᵐᵉ) : *Les infortunes de Chouchou.* 1 vol. avec 48 gravures d'après Riou.

Desgranges (Guillemette) : *Le chemin du collège.* 1 vol. illustré de 30 gravures d'après Tofani.

Duporteau (Mᵐᵉ) : *Petits récits.* 1 vol. avec 28 gravures d'après Tofani.

Erwin (Mᵐᵉ E. d') : *Un été à la campagne.* 1 vol. avec 39 gravures d'après Sahib.

Franck (Mᵐᵉ E.) : *Causeries d'une grand'mère.* 1 vol. avec 72 gravures d'après C. Delort.

Fresneau (Mᵐᵉ), née de Ségur : *Une année du petit Joseph.* Imité de l'anglais. 1 vol. avec 67 gravures d'après Jeanniot.

Girardin (J.) : *Quand j'étais petit garçon.* 1 vol. avec 52 gravures d'après Ferdinandus.
— *Dans notre classe.* 1 vol. avec 26 gravures d'après Jeanniot.

Le Roy (Mᵐᵉ F.) : *L'aventure de Petit Paul.* 1 vol. illustré de 45 gravures, d'après Ferdinandus.

Molesworth (Mʳˢ) : *Les aventures de M. Baby,* traduit de l'anglais par Mᵐᵉ de Witt. 1 vol. avec 12 gravures d'après W. Crane.

Pape-Carpantier (Mᵐᵉ) : *Nouvelles histoires et leçons de choses.* 1 vol. avec 42 gravures d'après Semechini.

Surville (André) : *Les grandes vacances.* 1 vol. avec 30 gravures d'après Semechini.
— *Les amis de Berthe.* 1 vol. avec 30 gravures d'après Ferdinandus.
— *La petite Givonnette.* 1 vol. illustré de 34 gravures d'après Grigny.
— *Fleur des champs.* 1 vol. illustré de 32 gravures d'après Zier.

Witt (Mᵐᵉ de), née Guizot : *Histoire de deux petits frères.* 1 vol. avec 45 grav. d'après Tofani.
— *Sur la plage.* 1 vol. avec 55 gravures, d'après Ferdinandus.
— *Par monts et par vaux.* 1 vol. avec 54 grav. d'après Ferdinandus.
— *Vieux amis.* 1 vol. avec 60 gravures d'après Ferdinandus.
— *En pleins champs.* 1 vol. avec 45 gravures d'après Gilbert.
— *Petite.* 1 vol. avec 56 gravures d'après Tofani.
— *A la montagne.* 1 vol. illustré de 5 gravures d'après Ferdinandus.
— *Deux tout petits.* 1 vol. illustré de 32 gravures d'après Ferdinandus.

BIBLIOTHÈQUE ROSE ILLUSTRÉE

FORMAT IN-16

CHAQUE VOLUME, BROCHÉ, 2 FR. 25

CARTONNÉ EN PERCALINE ROUGE, TRANCHES DORÉES, 3 FR. 50

Iʳᵉ SÉRIE, POUR LES ENFANTS DE 4 A 8 ANS

Anonyme : *Chien et chat*, traduit de l'anglais. 1 vol. avec 45 gravures d'après E. Bayard.
— *Douze histoires pour les enfants de quatre à huit ans*, par une mère de famille. 1 vol. avec 8 gravures d'après Bertall.
— *Les enfants d'aujourd'hui*, par le même auteur. 1 vol. avec 40 gravures d'après Bertall).

Carraud (Mᵐᵉ) : *Historiettes véritables*, pour les enfants de quatre à huit ans. 1 vol. avec 94 gravures d'après G. Fath.

Fath (G.) : *La sagesse des enfants*, proverbes. 1 vol. avec 100 gravures d'après l'auteur.

Laroque (Mᵐᵉ) : *Grands et petits*. 1 vol. avec 61 gravures d'après Bertall.

Marcel (Mᵐᵉ J.) : *Histoire d'un cheval de bois*. 1 vol. avec 20 gravures d'après E. Bayard.

Pape-Carpantier (Mᵐᵉ *Histoire et leçons de choses pour les enfants*. 1 vol. avec 85 gravures d'après Bertall.
  Ouvrage couronné par l'Académie française.

Perrault, MMᵐᵉˢ d'Aulnoy et Leprince de Beaumont : *Contes de fées*. 1 vol. avec 65 gravures d'après Bertall et Forest.

Porchat (J.) : *Contes merveilleux*. 1 vol. avec 21 gravures d'après Bertall.

Schmid (le chanoine) : *190 contes pour les enfants*, traduit de l'allemand par André Van Hasselt. 1 vol. avec 29 gravures d'après Bertall.

Ségur (Mᵐᵉ la comtesse de) : *Nouveaux contes de fées*. 1 vol. avec 46 gravures d'après Gustave Doré et H. Didier.

IIᵉ SÉRIE, POUR LES ENFANTS DE 8 A 14 ANS

Achard (A.) : *Histoire de mes amis*. 1 vol. avec 25 gravures d'après Bellecroix.

Alcott (Miss) : *Sous les lilas*, traduit de l'anglais par Mᵐᵉ S. Lepage. 1 vol. avec 23 gravures.

Andersen : *Contes choisis*, traduits du danois par Soldi. 1 vol. avec 40 gravures d'après Bertall.

Anonyme : *Les fêtes d'enfants*, scènes et dialogues. 1 vol. avec 41 gravures d'après Foulquier.

Assollant (A.). *Les aventures merveilleuses mais authentiques du
capitaine Corcoran.* 2 vol. avec
50 gravures, d'après A. de Neuville.

Barrau (Th.) : *Amour filial.* 1 vol.
avec 41 gravures d'après Ferogio.

Bawr (Mme de) : *Nouveaux contes.*
1 vol. avec 40 gravures d'après
Bertall.
Ouvrage couronné par l'Académie
française.

Beleze : *Jeux des adolescents.* 1 vol.
avec 140 gravures.

Berquin : *Choix de petits drames et
de contes.* 1 vol. avec 36 gravures
d'après Foulquier, etc.

Berthet (E.) : *L'enfant des bois.*
1 vol. avec 61 gravures.

Blanchère (De la) : *Les aventures
de la Ramée.* 1 vol. avec 36 gravures d'après E. Forest.

— *Oncle Tobie le pêcheur.* 1 vol.
avec 80 gravures d'après Foulquier
et Mesnel.

Boiteau (P.): *Légendes* recueillies ou
composées pour les enfants. 1 vol.
avec 42 gravures d'après Bertall.

Carpentier (Mlle E.) : *La maison du
bon Dieu.* 1 vol. avec 58 gravures
d'après Riou.

— *Sauvons-le !* 1 vol. avec 60 gravures d'après Riou.

— *Le secret du docteur,* ou la maison
fermée. 1 vol. avec 43 gravures
d'après P. Girardet.

— *La tour du preux.* 1 vol. avec
59 gravures d'après Tofani.

— *Pierre le Tors.* 1 vol. avec 64 gravures d'après Zier.

Carraud (Mme Z.): *La petite Jeanne,*
ou le devoir. 1 vol. avec 21 gravures d'après Forest.
Ouvrage couronné par l'Académie
française.

Carraud (Mme Z.) : *Les goûters de la
grand'mère.* 1 vol. avec 18 gravures d'après E. Bayard.

— *Les métamorphoses d'une goutte
d'eau.* 1 vol. avec 50 gravures
d'après E. Bayard.

Castillon (A.) : *Les récréations physiques.* 1 vol. avec 36 gravures
d'après Castelli.

— *Les récréations chimiques,* faisant
suite au précédent. 1 vol. avec
34 gravures d'après H. Castelli.

Cazin (Mme J.) : *Les petits montagnards.* 1 vol. avec 51 gravures
d'après G. Vuillier.

— *Un drame dans la montagne.* 1 vol.
avec 33 grav. d'après G. Vuillier.

— *Histoire d'un pauvre petit.* 1 vol.
avec 40 gravures d'après Tofani.

— *L'enfant des Alpes.* 1 vol. avec
33 gravures d'après Tofani.

— *Perlette.* 1 vol. illustré de 54 gravures d'après MYRBACH.

— *Les saltimbanques.* 1 vol. avec
66 gravures d'après Girardet.

Chabreul (Mme de) : *Jeux et exer-
cices des jeunes filles.* 1 vol. avec
62 gravures d'après Fath, et la
musique des rondes.

Colet (Mme L.) : *Enfances célèbres.*
1 vol. avec 57 grav. d'après Foulquier.

Contes anglais, traduits par Mme de
Witt. 1 vol. avec 43 gravures
d'après Morin.

Deslys (Ch.) : *Grand'maman.* 1 vol.
avec 29 gravures d'après E. Zier.

Edgeworth (Miss : *Contes de
l'adolescence,* traduits par A. Le
François. 1 vol. avec 42 gravures
d'après Morin.

— *Contes de l'enfance,* traduits par
le même. 1 vol. avec 26 gravures
d'après Foulquier.

Edgeworth (Miss) : *Demain*, suivi de *Mourad le malheureux*, contes traduits par H. Jousselin. 1 vol. avec 55 gravures d'après Bertall.

Fath (G.) : *Bernard, la gloire de son village*. 1 vol. avec 56 gravures d'après Mᵐᵉ G. Fath.

Fénelon : *Fables*. 1 vol. avec 29 grav. d'après Forest et É. Bayard.

Fleuriot (Mˡˡᵉ) : *Le petit chef de famille*. 1 vol. avec 57 gravures d'après H. Castelli.
— *Plus tard*, ou le jeune chef de famille. 1 vol. avec 60 gravures d'après É. Bayard.
— *L'enfant gâté*. 1 vol. avec 48 gravures d'après Ferdinandus.
— *Tranquille et Tourbillon*. 1 vol. avec 45 grav. d'après C. Delort.
— *Cadette*. 1 vol. avec 52 gravures d'après Tofani.
— *En congé*. 1 vol. avec 61 gravures d'après Ad. Marie.
— *Bigarette*. 1 vol. avec 48 gravures d'après Ad. Marie.
— *Bouche-en-Cœur*. 1 vol. avec 45 gravures d'après Tofani.
— *Gildas l'intraitable*, 1 vol. avec 56 gravures d'après E. Zier.
— *Parisiens et Montagnards*. 1 vol. avec 49 gravures d'après E. Zier.

Foë (de) : *La vie et les aventures de Robinson Crusoé*, traduites de l'anglais. 1 vol. avec 40 gravures.

Fonvielle (W. de) : *Néridah*. 2 vol. avec 45 gravures d'après Sahib.

Fresneau (Mᵐᵉ), née de Ségur : *Comme les grands!* 1 vol. illustré de 46 gravures d'après Ed. Zier.

Genlis (Mᵐᵉ de) : *Contes moraux*. 1 vol. avec 40 gravures d'après Foulquier, etc.

Gérard (A.) : *Petite Rose. — Grande Jeanne*. 1 vol. avec 28 gravures d'après Gilbert.

Girardin (J.) : *La disparition du grand Krause*. 1 vol. avec 70 gravures d'après Kauffmann.

Giron (A.) : *Ces pauvres petits*. 1 vol. avec 22 gravures d'après B. Nouvel.

Gouraud (Mˡˡᵉ J.) : *Les enfants de la ferme*. 1 vol. avec 59 grav. d'après É. Bayard.
— *Le livre de maman*. 1 vol. avec 68 grav. d'après É. Bayard.
— *Cécile, ou la petite sœur*. 1 vol. avec 26 grav. d'après Desandré.
— *Lettres de deux poupées*. 1 vol. avec 59 gravures d'après Olivier.
— *Le petit colporteur*. 1 vol. avec 27 grav. d'après A. de Neuville.
— *Les mémoires d'un petit garçon*. 1 vol. avec 86 gravures d'après É. Bayard.
— *Les mémoires d'un caniche*. 1 vol. avec 75 gravures d'après É. Bayard.
— *L'enfant du guide*. 1 vol. avec 60 gravures d'après É. Bayard.
— *Petite et grande*. 1 vol. avec 48 gravures d'après É. Bayard.
— *Les quatre pièces d'or*. 1 vol. avec 54 gravures d'après É. Bayard.
— *Les deux enfants de Saint-Domingue*. 1 vol. avec 54 gravures d'après É. Bayard.
— *La petite maîtresse de maison*. 1 vol. avec 37 grav. d'après Marie.
— *Les filles du professeur*. 1 vol. avec 36 grav. d'après Kauffmann.
— *La famille Harel*. 1 vol. avec 44 gravures d'après Valnay.
— *Aller et retour*. 1 vol. avec 40 gravures d'après Ferdinandus.
— *Les petits voisins*. 1 vol. avec 39 gravures d'après C. Gilbert.
— *Chez grand'mère*. 1 vol. avec 08 gravures d'après Tofani.
— *Le petit bonhomme*. 1 vol. avec 45 grav. d'après A. Ferdinandus.

Gouraud (Mlle J.) : *Le vieux château.* 1 vol. avec 28 gravures d'après E. Zier.
— *Pierrot.* 1 vol. avec 31 gravures d'après E. Zier.
— *Minette.* 1 vol. illustré de 52 gravures d'après Tofani.
— *Quand je serai grande!* 1 vol. avec 60 gravures d'après Ferdinandus.
Grimm (les frères) : *Contes choisis,* traduits par Ferd. Baudry. 1 vol. avec 40 gravures d'après Bertall.
Hauff : *La caravane,* traduit par A. Talon. 1 vol. avec 40 gravures d'après Bertall.
— *L'auberge du Spessart,* traduit par A. Talon. 1 vol. avec 61 gravures d'après Bertall.
Hawthorne : *Le livre des merveilles,* traduit de l'anglais par L. Rabillon. 2 vol. avec 40 gravures d'après Bertall.
Hébel et Karl Simrock : *Contes allemands,* traduits par M. Martin. 1 vol. avec 27 grav. d'après Bertall.
Johnson (R. B.) : *Dans l'extrême Far West,* traduit de l'anglais par A. Talandier. 1 vol. avec 20 gravures d'après A. Marie.
Marcel (Mme J.) : *L'école buissonnière.* 1 vol. avec 20 gravures d'après A. Marie.
— *Le bon frère.* 1 vol. avec 21 gravures d'après E. Bayard.
— *Les petits vagabonds.* 1 vol. avec 25 gravures d'après É. Bayard.
— *Histoire d'une grand'mère et de son petit-fils.* 1 vol. avec 36 gravures d'après C. Delort.
— *Daniel.* 1 vol. avec 45 gravures d'après Gilbert.
— *Le frère et la sœur.* 1 vol. avec 45 gravures d'après E. Zier.
— *Un bon gros pataud.* 1 vol. avec 45 gravures d'après Jeanniot.

Maréchal (Mlle M.) : *La dette de Ben-Aïssa.* 1 vol. avec 20 gravures d'après Bertall.
— *Nos petits camarades.* 1 vol. avec 18 gravures d'après E. Bayard et H. Castelli, etc.
— *La maison modèle.* 1 vol. avec 42 gravures d'après Sahib.
Marmier (X.) : *L'arbre de Noël.* 1 vol. avec 68 grav. d'après Bertall.
Martignat (Mlle de) : *Les vacances d'Élisabeth.* 1 vol. avec 36 gravures d'après Kauffmann.
— *L'oncle Boni.* 1 vol. avec 42 gravures d'après Gilbert.
— *Ginette.* 1 vol. avec 50 gravures d'après Tofani.
— *Le manoir d'Yolan.* 1 vol. avec 56 gravures d'après Tofani.
— *Le pupille du général.* 1 vol. avec 40 gravures d'après Tofani.
— *L'héritière de Maurivèze.* 1 vol. avec 39 grav. d'après Poirson.
— *Une vaillante enfant.* 1 vol. avec 43 gravures par Tofani.
— *Une petite-nièce d'Amérique.* 1 vol. avec 43 gravures d'après Tofani.
— *La petite fille du vieux Thémy.* 1 vol. illustré de 42 gravures d'après Tofani.
Mayne-Reid (le capitaine) : *Les chasseurs de girafes,* traduit de l'anglais par H. Vattemare. 1 vol. avec 10 grav. d'après A. de Neuville.
— *A fond de cale,* traduit par Mme H. Loreau. 1 vol. avec 12 gravures.
— *A la mer!* traduit par Mme H. Loreau. 1 vol. avec 12 gravures.
— *Bruin, ou les chasseurs d'ours,* traduit par A. Letellier. 1 vol. avec 8 grandes gravures.
— *Les chasseurs de plantes,* traduit par Mme H. Loreau. 1 vol. avec 29 gravures.

Mayne-Reid (le capitaine) : *Les exilés dans la forêt*, traduit par Mme H. Loreau. 1 vol. avec 12 gravures.

— *L'habitation du désert*, traduit par A. Le François. 1 vol. avec 24 gravures.

— *Les grimpeurs de rochers*, traduits par Mme H. Loreau. 1 vol. avec 20 gravures.

— *Les peuples étranges*, traduits par Mme H. Loreau. 1 vol. avec 24 gravures.

— *Les vacances des jeunes Boërs*, traduites par Mme H. Loreau. 1 vol. avec 12 gravures.

— *Les veillées de chasse*, traduites par H.-B. Révoil. 1 vol. avec 43 gravures d'après Freeman.

— *La chasse au Léviathan*, traduite par J. Girardin. 1 vol. avec 54 gravures d'après A. Ferdinandus et Th. Weber.

— *Les naufragés de la Calypso*. 1 vol. traduit par Mme GUSTAVE DEMOULIN et illustré de 55 gravures d'après PRANISHNIKOFF.

Muller (E.) : *Robinsonnette*. 1 vol. avec 22 gravures d'après Lix.

Ouida : *Le petit comte*. 1 vol. avec 34 gravures d'après G. Vullier, Tofani, etc.

Peyronny (Mme de), née d'Isle : *Deux cœurs dévoués*. 1 vol. avec 53 gravures d'après J. Devaux.

Pitray (Mme de) : *Les enfants des Tuileries*. 1 vol. avec 29 gravures d'après É. Bayard.

— *Les débuts du gros Philéas*. 1 vol. avec 57 grav. d'après H. Castelli.

— *Le château de la Pétaudière*. 1 vol. avec 78 grav. d'après A. Marie.

— *Le fils du maquignon*. 1 vol. avec 65 gravures d'après Riou.

— *Petit monstre et poule mouillée*. 1 vol. avec 66 grav. par E. Girardet.

Rendu (V.) : *Mœurs pittoresques des insectes*. 1 vol. avec 49 grav.

Rostoptchine (Mme la comtesse) : *Belle, Sage et Bonne*. 1 vol. avec 39 gravures d'après Ferdinandus.

Sandras (Mme) : *Mémoires d'un lapin blanc*. 1 vol. avec 20 gravures d'après E. Bayard.

Sannois (Mlle la comtesse de) : *Les soirées à la maison*. 1 vol. avec 42 gravures d'après É. Bayard.

Ségur (Mme la comtesse de) : *Après la pluie, le beau temps*. 1 vol. avec 128 grav. d'après É. Bayard.

— *Comédies et proverbes*. 1 vol. avec 60 gravures d'après É. Bayard.

— *Diloy le chemineau*. 1 vol. avec 90 gravures d'après H. Castelli.

— *François le bossu*. 1 vol. avec 114 gravures d'après É. Bayard.

— *Jean qui grogne et Jean qui rit*. 1 vol. avec 70 grav. d'après Castelli.

— *La fortune de Gaspard*. 1 vol. avec 52 gravures d'après Gerlier.

— *La sœur de Gribouille*. 1 vol. avec 72 grav. d'après H. Castelli.

— *Pauvre Blaise!* 1 vol. avec 65 gravures d'après H. Castelli.

— *Quel amour d'enfant!* 1 vol. avec 79 gravures d'après É. Bayard.

— *Un bon petit diable*. 1 vol. avec 100 gravures d'après H. Castelli.

— *Le mauvais génie*. 1 vol. avec 90 gravures d'après É. Bayard.

— *L'auberge de l'ange gardien*. 1 vol. avec 75 grav. d'après Foulquier.

— *Le général Dourakine*. 1 vol. avec 100 gravures d'après É. Bayard.

— *Les bons enfants*. 1 vol. avec 70 gravures d'après Ferogio.

— *Les deux nigauds*. 1 vol. avec 76 gravures d'après H. Castelli.

— *Les malheurs de Sophie*. 1 vol. avec 48 grav. d'après H. Castelli.

Ségur (Mme a comtesse de): *Les petites filles modèles*. 1 vol. avec 21 gravures d'après Bertall.

— *Les vacances*. 1 vol. avec 36 gravures d'après Bertall.

— *Mémoires d'un âne*. 1 vol. avec 75 grav. d'après H. Castelli.

Stolz (Mme de): *La maison roulante*. 1 vol. avec 20 grav. sur bois d'après É. Bayard.

— *Le trésor de Nanette*. 1 vol. avec 24 gravures d'après É. Bayard.

— *Blanche et noire*. 1 vol. avec 54 gravures d'après É. Bayard.

— *Par-dessus la haie*. 1 vol. avec 56 gravures d'après A. Marie.

— *Les poches de mon oncle*. 1 vol. avec 20 gravures d'après Bertall.

— *Les vacances d'un grand-père*. 1 vol. avec 40 gravures d'après G. Delafosse.

— *Quatorze jours de bonheur*. 1 vol. avec 45 gravures d'après Bertall.

— *Le vieux de la forêt*. 1 vol. avec 32 gravures d'après Sahib.

— *Le secret de Laurent*. 1 vol. avec 32 gravures d'après Sahib.

— *Les deux reines*. 1 vol. avec 32 gravures d'après Delort.

— *Les mésaventures de Mlle Thérèse*. 1 vol. avec 29 grav. d'après Charles.

— *Les frères de lait*. 1 vol. avec 42 gravures d'après E. Zier.

Stolz (Mme de): *Magali*. 1 vol. avec 36 gravures d'après Tofani.

— *La maison blanche*. 1 vol. avec 35 gravures d'après Tofani.

— *Les deux André*. 1 vol. avec 45 gravures d'après Tofani.

— *Deux tantes*. 1 vol. avec 43 gravures d'après Tofani.

— *Violence et bonté*. 1 vol. avec 56 gravures par Tofani.

Swift : *Voyages de Gulliver*, traduits et abrégés à l'usage des enfants. 1 vol. avec 57 gravures d'après Delafosse.

Taulier : *Les deux petits Robinsons de la Grande-Chartreuse*. 1 vol. avec 69 gravures d'après É. Bayard et Hubert Clerget.

Tournier : *Les premiers chants*, poésies à l'usage de la jeunesse, 1 vol. avec 20 gravures d'après Gustave Roux.

Vimont (Ch.) : *Histoire d'un navire*. 1 vol. avec 40 gravures d'après Alex. Vimont.

Witt (Mme de), née Guizot : *Enfants et parents*. 1 vol. avec 34 gravures d'après A. de Neuville.

— *La petite-fille aux grand'mères*. 1 vol. avec 36 grav. d'après Beau.

— *En quarantaine*. 1 vol. avec 48 gravures d'après Ferdinandus.

IIIe SÉRIE, POUR LES ENFANTS ADOLESCENTS

ET POUVANT FORMER UNE BIBLIOTHÈQUE POUR LES JEUNES FILLES DE 14 A 18 ANS

VOYAGES

Agassiz (M. et Mme) : *Voyage au Brésil*, traduits et abrégés par J. Belin de Launay. 1 vol. avec 16 gravures et 1 carte.

Aunet (Mme d') : *Voyage d'une femme au Spitzberg*. 1 vol. avec 34 gravures.

Baines : *Voyages dans le sud-ouest de l'Afrique*, traduits et abrégés par J. Belin de Launay. 1 vol. avec 22 gravures et 1 carte.

Baker: *Le lac Albert N'yanza.* Nouveau voyage aux sources du Nil, abrégé par Belin de Launay. 1 vol. avec 16 gravures et 1 carte.

Baldwin : *Du Natal au Zambèze* (1861-1865). Récits de chasses, abrégés par J. Belin de Launay. 1 vol. avec 24 gravures et 1 carte.

Burton (le capitaine) : *Voyages à la Mecque, aux grands lacs d'Afrique et chez les Mormons,* abrégés par J. Belin de Launay. 1 vol. avec 12 gravures et 3 cartes.

Catlin : *La vie chez les Indiens,* traduit de l'anglais. vol. avec 25 gravures.

Fonvielle (W. de) : *Le glaçon du Polaris,* aventures du capitaine Tyson. 1 vol. avec 19 gravures et 1 carte.

Hayes (D\u1d3f) : *La mer libre du pôle,* traduit par F. de Lanoye, et abrégé par J. Belin de Launay. 1 vol. avec 14 gravures et 1 carte.

Hervé et de Lanoye : *Voyages dans les glaces du pôle arctique.* 1 vol. avec 40 gravures.

Lanoye (F. de): *Le Nil et ses sources.* 1 vol. avec 32 gravures et des cartes.
— *La Sibérie.* 1 vol. avec 48 gravures d'après Lebreton, etc.
— *Les grandes scènes de la nature.* 1 vol. avec 40 gravures.
— *La mer polaire,* voyage de l'Érèbe et de la Terreur, et expédition à la recherche de Franklin. 1 vol. avec 29 gravures et des cartes.
— *Ramsès le Grand,* ou l'Egypte il y a trois mille trois cents ans. 1 vol. avec 39 gravures d'après Lancelot, E. Bayard, etc.

Livingstone : *Explorations dans l'Afrique australe,* abrégées par J. Belin de Launay. 1 vol. avec 20 gravures et 1 carte.

Livingstone : *Dernier journal* abrégé par J. Belin de Launay. 1 vol. avec 16 gravures et 1 carte.

Mage (L.): *Voyage dans le Soudan occidental,* abrégé par J. Belin de Launay. 1 vol. avec 16 gravures et 1 carte.

Milton et Cheadle : *Voyage de l'Atlantique au Pacifique,* traduit et abrégé par J. Belin de Launay. 1 vol. avec 16 gravures et 2 cartes.

Mouhot (Ch.) : *Voyage dans le royaume de Siam, le Cambodge et le Laos.* 1 vol. avec 28 gravures et 1 carte.

Palgrave (W. G.): *Une année dans l'Arabie centrale,* traduite et abrégée par J. Belin de Launay. 1 vol. avec 12 gravures, 1 portrait et 1 carte.

Pfeiffer (M\u1d50\u1d49): *Voyages autour du monde,* abrégés par J. Belin de Launay. 1 vol. avec 16 gravures et 1 carte.

Piotrowski: *Souvenirs d'un Sibérien.* 1 vol. avec 10 gravures d'après A. Marie.

Schweinfurth (D\u1d3f) : *Au cœur de l'Afrique* (1866-1871). Traduit par M\u1d50\u1d49 H. Loreau, et abrégé par J. Belin de Launay. 1 vol. avec 16 gravures et 1 carte.

Speke : *Les sources du Nil,* édition abrégée par J. Belin de Launay. 1 vol. avec 24 gravures et 3 cartes.

Stanley : *Comment j'ai retrouvé Livingstone,* traduit par M\u1d50\u1d49 Loreau, et abrégé par J. Belin de Launay. 1 vol. avec 16 gravures et 1 carte.

Vambéry: *Voyages d'un faux derviche dans l'Asie centrale,* traduits par E. D. Forgues, et abrégés par J. Belin de Launay. 1 vol. avec 18 gravures et une carte.

HISTOIRE

Le loyal serviteur: *Histoire du gentil seigneur de Bayard*, revue et abrégée, à l'usage de la jeunesse, par Alph. Feillet. 1 vol. avec 36 gravures d'après P. Sellier.

Monnier (M.): *Pompéi et les Pompéiens*. Édition à l'usage de la jeunesse. 1 vol. avec 25 gravures d'après Théroud.

Plutarque: *Vie des Grecs illustres*, édition abrégée par A. Feillet. 1 vol. avec 53 gravures d'après P. Sellier.

— *Vie des Romains illustres*, édition abrégée par A. Feillet. 1 vol. avec 69 gravures d'après P. Sellier.

Retz (Le cardinal de) : *Mémoires* abrégés par A. Feillet. 1 vol. avec 35 gravures d'après Gilbert, etc.

LITTÉRATURE

Bernardin de Saint-Pierre: *Œuvres choisies*. 1 vol. avec 12 gravures d'après É. Bayard.

Cervantès: *Don Quichotte de la Manche*. 1 vol. avec 64 gravures d'après Bertall et Forest.

Homère: *L'Iliade et l'Odyssée*, traduites par P. Giguet et abrégées par Alph. Feillet. 1 vol. avec 33 gravures d'après Olivier.

Le Sage: *Aventures de Gil Blas*, édition destinée à l'adolescence. 1 vol. avec 50 gravures d'après Leroux.

Mac-Intosch (Miss) : *Contes américains*, traduits par Mme Dionis. 2 vol. avec 50 gravures d'après É. Bayard.

Maistre (X. de): *Œuvres choisies*. 1 vol. avec 15 gravures d'après É. Bayard.

Molière : *Œuvres choisies*, abrégées à l'usage de la jeunesse. 2 vol. avec 22 gravures d'après Hillemacher.

Virgile : *Œuvres choisies*, traduites et abrégées à l'usage de la jeunesse, par Th. Barrau, 1 vol. avec 20 gravures d'après P. Sellier.

ATLAS MANUEL

DE GÉOGRAPHIE MODERNE

Contenant 54 cartes imprimées en couleurs
Un volume in-folio relié en demi-chagrin........ **32 fr.**

ATLAS

DE

GÉOGRAPHIE MODERNE

PAR E. CORTAMBERT

Contenant 66 cartes in-4° imprimées en couleurs

NOUVELLE ÉDITION COMPLÈTEMENT REFONDUE

Sous la direction de plusieurs géographes . & professeurs

Un volume cartonné en percaline, **12 fr.**

NOUVEL ATLAS

DE

GÉOGRAPHIE

ANCIENNE, DU MOYEN AGE & MODERNE

PAR E. CORTAMBERT

Contenant 100 cartes in-4° imprimées en couleurs

NOUVELLE ÉDITION ENTIÈREMENT REFONDUE

Avec la collaboration d'une Société de géographes et de professeurs

Un volume cartonné en percaline, **16 fr.**

15332. — Imprimeries réunies, A, rue Mignon, 2, Paris. — 7-88. — 100.000.

LITTÉRATURE POPULAIRE

Éditions à 1 fr. 25 c. le volume, format in-18 jésus

Le cartonnage en percaline gaufrée se paye en sus 50 cent. par volume.

Aunet (Mme Léonie d'). Voyage d'une femme au Spitzberg. 1 vol.

Badin (Ad.). Duguay-Trouin. 1 vol.
— Jean Bart. 1 vol.

Baines (Th.). Voyage dans le Sud-Ouest de l'Afrique. 1 vol.

Baker (V.-W.). Le lac Albert. 1 vol.

Baldwin. Du Natal au Zambèse. 1865-1866. Récits de chasses. 1 vol.

Barrau (Th.-H.). Conseils aux ouvriers. 1 v.

Bernard (Fréd.). Vie d'Oberlin. 1 vol.

Boileau. Œuvres complètes. 2 vol.

Bonnechose (Émile de). Bertrand du Guesclin. 1 vol.
— Lazare Hoche, 1793-1797. 1 vol.

Burton (Le capitaine). Voyage à la Mecque, aux grands lacs d'Afrique et chez les Mormons. 1 vol.

Calemard de la Fayette. La Prime d'honneur. 1 vol.
— L'Agriculture progressive. 1 vol.

Carraud (Mme Z.). Une servante d'autrefois. 1 vol.
— Les veillées de maître Patrigeon. 1 vol.

Charton (Ed.). Histoires de trois enfants pauvres. 1 vol.

Conférences faites à la Gare Saint-Jean, à Bordeaux. 2 vol.

Corne (H.). Le cardinal Mazarin. 1 vol.
— Le cardinal de Richelieu. 1 vol.

Corneille (Pierre). Chefs-d'Œuvre. 1 vol.
— Œuvres complètes. 7 vol.

Deherrypon (Martial). La Boutique de la marchande de poissons. 1 vol.

Delapalme. Le premier livre du citoyen. 4° édition. 1 vol.

Duval (Jules). Notre pays. 1 vol.

Ernouf (Le baron). Histoire de trois ouvriers français. 1 vol.
— Jacquard, Philippe de Girard. 1 vol.
— Denis Papin, sa vie, ses œuvres (1647-1714). 1 vol.

Frank (A.). Morale pour tous. 1 vol.

Franklin. Œuvres traduites de l'anglais et annotées par Ed. Laboulaye. 5 vol.

Guillemin (Amédée). La Lune. 1 vol. illustré de 2 grandes planches et de 46 vignettes.
— La Lumière et les Couleurs. 1 vol. illustré de 71 gravures. 2° édition.
— Le Soleil. 1 vol. illustré de 58 grav. sur bois.
— Le Son. Notions d'acoustique physique et musicale. 1 vol. avec 70 fig.

Hauréau (B.). Charlemagne et sa cour. 1 vol.
— François Ier et sa cour. 1 vol.

Hayes (Dr I.-I.). La mer libre du pôle. 1 vol.

Hœfer. La chimie enseignée par la biographie de ses fondateurs. 1 vol.
— Les saisons. 2 vol. illustrés.

Homère. Les beautés de l'Iliade et de l'Odyssée, traduction de M. Giguet. 1 vol.

Joinville (Le sire de). Histoire de saint Louis, texte rapproché du français moderne, par Natalis de Wailly, de l'Institut. 2° édition. 1 vol.

Jonveau (Émile). Histoire de quatre ouvriers anglais. 1 vol.
— Histoire de trois potiers célèbres (Bernard Palissy, J. Weydwood, F. Böttger). 1 vol.

Jouault (A.). Abraham Lincoln. 1 vol. avec 2 portraits.
— Washington. 1 vol. avec une carte.

Labouchère (Alf.). Oberkampf. 1 vol.

Lacombe (P.). Petite histoire du peuple français. 1 vol.

La Fontaine. Choix de fables. 1 vol.

Lanoye (F. de). Le Nil et ses sources. 1 vol.
— Le Loyal serviteur : Histoire du gentil seigneur de Bayard. 1 vol. avec portrait.

Livingstone (Charles et David). Explorations dans l'Afrique australe et dans le bassin du Zambèse. 1840-1864. 1 vol.

Lescure (M. de). Vie de Henri IV. 1 vol.

Mage. Voyage dans le Soudan occidental. 1 vol.

Meunier (Mme H.). Le Docteur au village. Entretiens familiers sur l'hygiène. 1 vol.
— Entretiens familiers sur la botanique. 1 v.

Milton et le Dr Cheadle. Voyage de l'Atlantique au Pacifique. 1 vol. avec 104 fig.

Molière. Chefs-d'Œuvre. 2 vol.

Mouhot. Voyage à Siam, dans le Cambodge et le Laos. 1 vol.

Muller (Eug.). La Boutique du marchand de nouveautés. 1 vol.

Palgrave (W.-G.). Une année dans l'Arabie centrale. 1 vol.

Perron d'Arc. Aventures d'un voyageur en Australie. 1 vol.

Pfeiffer (Mme Ida). Voyage autour du monde, édition abrégée par J. Belin de Launay. 1 vol.

Piotrowski (R.). Souvenirs d'un Sibérien. 1 vol.

Poisson. Guide-Manuel de l'Orphéoniste. 1 v.

Racine (Jean). Chefs-d'Œuvre. 1 vol.

Reclus (E.). Les Phénomènes terrestres. 2 v.

Rendu (Victor). Principes d'agriculture. 2° édition. 2 vol. avec vignettes.
— Mœurs pittoresques des insectes. 1 vol.

Shakespeare. Chefs-d'Œuvre. 3 vol.

Speke (Journal du capitaine John Hanning). Découverte des sources du Nil. 1 v.

Thévenin (Évariste). Cours d'économie industrielle. 7 vol.
Chaque volume se vend séparément.
— Entretiens populaires. 6 vol.
Chaque volume se vend séparément.

Vambéry (Arminius). Voyages d'un faux derviche dans l'Asie centrale. 1 vol.

Véron (Eugène). Les Associations ouvrières en Allemagne, en Angleterre et en France. 1 vol.

Wallon (de l'Instit.). Jeanne d'Arc. 1 vol. 1 fr.

www.ingramcontent.com/pod-product-compliance
Lightning Source LLC
Chambersburg PA
CBHW071647200326
41519CB00012BA/2433